燃气经营企业从业人员专业培训教材

# 液化石油气库站运行工

燃气经营企业从业人员专业培训教材编审委员会　组织编写

晋传银　主编

中国建筑工业出版社

图书在版编目（CIP）数据

液化石油气库站运行工/燃气经营企业从业人员专业培训教材编审委员会
组织编写；晋传银主编. —北京：中国建筑工业出版社，2017.7（2023.10重印）
　燃气经营企业从业人员专业培训教材
　ISBN 978-7-112-21004-6

　Ⅰ.①液… Ⅱ.①燃…②晋… Ⅲ.①液化石油气—配气站—技术培训—
教材　Ⅳ.①TU996

中国版本图书馆 CIP 数据核字（2017）第 164566 号

　　本书依据《燃气经营企业从业人员专业培训考核大纲》（建办城函〔2015〕
225号）编写，是《燃气经营企业从业人员专业培训教材》之一。本书共11章，
包括：概述、液化石油气库站的主要设备及系统、液化石油气库站的工艺流程与
运行参数、压力容器基本知识与机械基础知识、液化石油气储罐灌装容积计算、
液化石油气的供应方式、液化石油气库站设备设施故障判断与检修、液化石油气
库站规章制度与操作规程、液化石油气库站安全管理措施、防火与灭火、液化石
油气库站应急处置与应急预案管理知识。

　　本书可供燃气经营企业液化石油气库站运行工及相关从业人员学习和培训
使用。

　　责任编辑：李　阳　李　慧　李　明　朱首明
　　责任校对：李欣慰　刘梦然

燃气经营企业从业人员专业培训教材
**液化石油气库站运行工**
燃气经营企业从业人员专业培训教材编审委员会　组织编写
晋传银　主编

\*

中国建筑工业出版社出版、发行（北京海淀三里河路9号）
各地新华书店、建筑书店经销
北京建筑工业印刷厂制版
建工社（河北）印刷有限公司印刷

\*

开本：787×1092毫米　1/16　印张：8¾　字数：215千字
2017年7月第一版　　2023年10月第四次印刷
定价：29.00元
ISBN 978-7-112-21004-6
（30649）

# 燃气经营企业从业人员专业培训教材
# 编 审 委 员 会

主　　任：高延伟

副 主 任：夏茂洪　胡　璞　叶　玲　晋传银

　　　　　何卜思　邓铭庭　张广民　李　明

委　　员：（按姓氏笔画排序）

　　　　　方建武　白俊锋　仲玉芳　朱　军

　　　　　刘金武　毕黎明　李　帆　李　光

　　　　　张建设　张　俊　汪恭文　杨益华

　　　　　唐洪波　雷　明　简　捷　蔡全立

# 出版说明

为了加强燃气企业管理，保障燃气供应，促进燃气行业健康发展，维护燃气经营者和燃气用户的合法权益，保障公民生命、财产安全和公共安全，国务院第 129 次常务会议于 2010 年 10 月 19 日通过了《城镇燃气管理条例》（国务院令第 583 号公布），并自 2011 年 3 月 1 日起实施。

住房和城乡建设部依据《城镇燃气管理条例》，制定了《燃气经营企业从业人员专业培训考核管理办法》（建城〔2014〕167 号），并结合国家相关法律法规、标准规范等有关规定编制了《燃气经营企业从业人员专业培训考核大纲》（建办城函〔2015〕225 号）。

为落实考核管理办法，规范燃气经营企业从业人员岗位培训工作，我们依据考核大纲，组织行业专家编写了《燃气经营企业从业人员专业培训教材》。

本套教材培训对象包括燃气经营企业的企业主要负责人、安全生产管理人员以及运行、维护和抢修人员，教材内容涵盖考核大纲要求的考核要点，主要内容包括法律法规及标准规范、燃气经营企业管理、通用知识和燃气专业知识等四个主要部分。本套教材共 9 册，分别是：《城镇燃气法律法规与经营企业管理》、《城镇燃气通用与专业知识》、《燃气输配场站运行工》、《液化石油气库站运行工》、《压缩天然气场站运行工》、《液化天然气储运工》、《汽车加气站操作工》、《燃气管网运行工》、《燃气用户安装检修工》。本套教材严格按照考核大纲编写，符合促进燃气经营企业从业人员学习和能力的提高要求。

限于编者水平，我们的编写工作中难免存在不足，恳请使用本套教材的培训机构、教师和广大学员多提宝贵意见，以便进一步的修正，使其不断完善。

燃气经营企业从业人员专业培训教材编审委员会

# 前　　言

我国燃气行业的发展是随着经济与建设的发展而发展的，特别是"西气东输"和"川气东送"工程及天然气利用，使燃气事业取得了长足的发展。燃气作为城镇居民生活使用、工商业和交通车辆燃料，造福人类，促进社会进步与发展。据统计，现今全国城市有近6亿人口使用燃气，乡村集镇有2亿多人口使用燃气，城市气化率达到90%以上，乡村集镇气化率接近50%。但是，由于人们在使用过程中，疏忽大意，或者不善用之，往往会给人们、社会带来极大的伤害。今天的燃气事故已经成为继交通事故、工伤事故之后，社会的第三大杀手。

为了有效掌控燃气安全，保障社会供给，确保燃气企业和燃气用户的利益，减少燃气事故发生，促进燃气行业健康发展。住房城乡建设部依据国务院第583号令《城镇燃气管理条例》的规定，要求燃气企业的主要负责人、安全生产管理人员以及运行、维护和抢修人员经专业培训并考试合格，并以此编写制定了培训考试大纲。

《液化石油气库站运行工》作为专业培训教材，目的是针对从事液化石油气储存、装卸、灌装、气化、混气、配送等工作的操作人员，通过培训（或自学），提高业务技能和素质水平，确保运行安全。本书由晋传银担任主编并统稿，周兆生担任副主编，参加编写人员有周善忠、陈刚、晋戬、刘军结、周枫、王友俊、季敏、樊思思等。本书由胡璞、唐洪波主审。

在编写工作中，得到了安徽省住房和城乡建设厅、安徽省燃气协会的关心，以及合肥市液化石油气有限责任公司、合肥皖建职业培训学校、重庆海特能源投资有限公司、马鞍山市太白液化气有限公司和阜阳国祯能源有限公司的大力支持，在此一并表示感谢！该书编写过程中，在文字上力求简明扼要，通俗易懂，希望能解决液化石油气库站运行工所关心的实际问题。限于编者水平，书中难免有不足或错误之处，希望广大读者批评指正。

# 目　　录

# 1 概　　述

液化石油气其来源大致包括炼油厂、石油化工厂、石油伴生气和凝析气田气。随着石油化学工业的不断发展，工艺与技术的日益提高，液化石油气被广泛利用，其主要成分为（％）：氢气 5～6、甲烷 10、乙烷 3～5、乙烯 3、丙烷 16～20、丙烯 6～11、丁烷 42～46、丁烯 5～6，含 5 个碳原子以上烃类 5～12。这些烃的混合物常用于生产合成塑料、合成橡胶、合成纤维及生产医药、炸药、染料等产品。此外，液化石油气还用于切割金属，用于农产品的烘烤和工业窑炉的焙烧等。由于其热值高、无烟尘、无炭渣，操作使用方便，用作燃料，已广泛地进入人们的生活领域。液化石油气在常温常压下（20℃，101.325kPa）组分中的丙烷、丙烯、丁烷、丁烯（可以是一种或几种烃的混合物）能够自然气化，同时还有少量的戊烷、戊烯和微量硫化物杂质等不能气化，留在气瓶里称之为"残液"。

具体的有以下：

1. 炼油厂获得 $C_3$、$C_4$

石油是蕴藏在地下的黏稠性液体，其色泽深浅与其组成有关。石油一般不能直接利用，必须经过加工即炼制以获得汽油、煤油、柴油、润滑油等诸多产品，同时产生各种气体，气体中主要组分为 $C_3$、$C_4$，经过加压液化即可得液化石油气。炼油厂得到 $C_3$、$C_4$ 的途径有常减压蒸馏、热裂化、催化裂化和催化重整等方法。

2. 石油化工厂副产的 $C_3$、$C_4$

石油化工厂主要用炼油厂的产品作原料，生产合成纤维、合成橡胶、塑料和合成树脂等的中间体，同时也副产一部分 $C_3$、$C_4$ 气体。例如，用氢汽油或轻柴油作原料，经过高温裂解生产化工所需乙烯、丙烯的石油化工厂，同时也副产 $C_3$、$C_4$ 馏分的液化石油气。

3. 油田伴生气中的 $C_3$、$C_4$

油田伴生气是在开采石油过程中副产的气体，它本来就是存在于储油层地质构造中的可燃气，这种气体中含有 60％～90％ 的甲烷、乙烷，属天然气成分，另外还有 10％～40％ 的丙烷、丁烷、戊烷等。经过油气分离，再经吸收等适当处理可得到丙烷纯度很高、含硫量很低的高质量瓶装液化石油气。

4. 凝析气田气中的 $C_3$、$C_4$

凝析气田气是含有容易液化的丙烷、丁烷成分的富天然气。气体中通常含有 85％～97％ 的甲烷，$C_3$、$C_4$ 占 2％～5％，可采用压缩法、吸收法、低温分离法将其分离得到液化石油气。

当液化石油气来源不同时，各种烃类含量也不一样，除 $C_3$、$C_4$ 主要成分外，还含有少量 $C_5$（为钢瓶残液的主要成分）、$C_2$、硫化物和水等杂质。

除此之外，液化石油气还可以掺混空气，作为燃料使用。具体是将液化石油气与空气按一定比例混合成城市燃气作为气源供应给用户，称为液化石油气混空气，简称"空混气"。空混气可以作为城镇燃气高峰负荷及事故处理时的补充气源。空混气作为补充气源时，必须考虑燃气的互换性。如果新建城市管网以后要与天然气干线相接，则在建设初期可用空混气作为基本气源，这样在改用天然气时，燃气分配管网及附属设备都不需经过较大改换而继续使用。由于液化石油气中的丁烷气体在接近0℃时会在管道中冷凝，故北方冬天对管道液化石油气的组分要求很严。但当混合空气后，则露点降低，可以全年供气。空混气中液化石油气和空气的比例应适当，以达到高于爆炸极限的要求。由于丙烷、丁烷的爆炸极限约为10%，因此空混气中石油气和空气的混合比至少应为1：9。目前国内液化石油气比例一般控制在15%以上，热值控制在16747kJ/Nm³以上，这样可以直接送入城市燃气管网。

液化石油气作为一种化工基本原料和新型燃料，愈来愈受到人们的重视，已被广为利用，人们通过运输、储存、装卸、灌装、气化、混气、配送等方式，进行生产，其工艺运行过程中，存在安全隐患，极有可能发生火灾爆炸事故，造成人们生命财产损失。所以，在安全生产运行过程中，要严格落实安全生产责任制，坚决执行规章制度和操作规程，规范经营，强化安全生产标准化建设，确保稳定、安全运行。

# 1.1　液化石油气供应站

1. 液化石油气供应站

液化石油气供应站具有储存、装卸、灌装、气化、混气、配送等功能，足以储配、气化（混气）或者经营液化石油气为目的的专门场所，是液化石油气场站的总称。包括储存站、储配站、灌装站、气化站、混气站、瓶组气化站和瓶装供应站。

2. 规划布局

液化石油气储存站、储配站、灌装站站址的选择应符合城镇总体规划和城镇燃气专项规划的要求，并符合下列规定：

（1）三级以上的液化石油气储存站、储配站、灌装站应设置在城镇的边缘或相对独立的安全地带，并应远离居住区、学校、影剧院、体育馆等人员集中的场所；

（2）在城市中心城区和人员稠密区建设的液化石油气储存站、储配站、灌装站应符合《液化石油气供应工程设计规范》GB 51142—2015 第三章的规定；

（3）应选择地势平坦、开阔，不易积存液化石油气的地段，且应避开地质灾害多发区；

（4）应具备交通、供电、给水排水和通信条件；

（5）宜选择所在地区全年最小频率风向的上风侧。

3. 基本条件

（1）建筑、生产设备设施和布局要符合《液化石油气供应工程设计规范》GB 51142—2015、《气瓶充装站安全技术条件》GB 27550—2011 等标准规范的规定，站内生产区、辅助区布置合理，并经当地的建设、质监、安监、环保和消防等部门审查合格；

（2）应具有一定的气体储存能力和足够数量的自有产权气瓶；

（3）有与储存和充装液化石油气相适应的完好的生产装置、工（器）具、场地厂房，有符合要求的安全和环保设施；

（4）能保证气体质量和充装量，有防超装设施和手段，有处理残液的密闭回收装置和抽真空装置；

（5）有能保证充装安全与正常生产的管理人员、技术人员，并有经过专业培训的各类操作人员。充装检查人员和操作人员、罐车驾驶员和押运员应经考核合格，持证操作。安全、技术负责人应具有本专业的工程师以上职称；

（6）有保证储罐安全的管理体系（机构）和各项管理制度。有切实可行的各操作人员岗位责任制、安全操作规程和事故应急处理预案，并能严格执行；

（7）站区内总平面布置、厂房建筑的耐火材料等级、厂房防火间距、安全通道及消防用水量符合国家相应标准；

（8）应有满足规范要求的防雷、防静电设施和可燃气体泄漏报警、视频监控、远程压力传输装置及遥感技术等系统；

（9）站内应设置消防车通道、专用消火栓、消防水源、灭火器材以及在紧急情况下处理事故的消防设施和器具。

## 1.2　液化石油气供应站的功能

### 1. 分类

根据《液化石油气供应工程设计规范》GB 51142—2015 的规定：液化石油气供应站包括储存站、储配站、灌装站、气化站、混气站、瓶组气化站和瓶装供应站。储罐设计总容量宜根据供应规模、气源情况、运输方式、运距和城市应急保障等因素确定，当储罐设计总容量超过 $3000m^3$ 时，宜将储罐分别设置在储存站和灌装站，灌装站的储罐设计容量宜为 1 周的计算月平均日供应量，其余为储存站的储罐设计容量。当储罐设计总容量小于 $3000m^3$ 时，可将储罐全部设置在储配站。液化石油气供应站按储气规模分为 8 级，见表 1-1。

液化石油气供应站等级划分　　　　　　表 1-1

| 级　别 | 储罐容积（m³） | |
| --- | --- | --- |
| | 总容积（V） | 单罐容积（V'） |
| 一级 | 5000<V≤10000 | — |
| 二级 | 2500<V≤5000 | V'≤1000 |
| 三级 | 1000<V≤2500 | V'≤400 |
| 四级 | 500<V≤1000 | V'≤200 |
| 五级 | 220<V≤500 | V'≤100 |
| 六级 | 50<V≤220 | V'≤50 |
| 七级 | V≤50 | V'≤20 |
| 八级 | ≤10 | — |

注：当单罐容积大于相应级别的规定，应按相对应等级提高一级的规定执行。根据《危险化学品重大危险源辨识》GB 18218—2009 的规定，液化石油气的临界量为 50t，液化石油气供应站储存容量超过 50t，构成重大危险源。二级及以上液化石油气供应站不得与其他燃气场站及设施合建。五级及以上的液化石油气气化站和混气站、六级及以上的液化石油气储存站、储配站和灌装站，不得建在城市中心城区。

2. 具体功能

（1）液化石油气储存站由储存和装卸设备组成，以储存为主，并以向灌装站、气化站和混气站配送液化石油气为主要功能的专门场所。

（2）液化石油气储配站由储存、灌装和装卸设备组成，以储存液化石油气为主要功能，兼具液化石油气灌装作业为辅助功能的专门场所。

（3）液化石油气灌装站由灌装、储存和装卸设备组成，以液化石油气灌装作业为主要功能的专门场所。

（4）液化石油气气化站由储存和气化设备组成，以将液态液化石油气转变为气态液化石油气为主要功能，并通过管道向用户供气的专门场所。

（5）液化石油气混气站由储存、气化和混气设备组成，将液态液化石油气转变为气态液化石油气后，与空气或其他燃气按一定比例混合配制成混合气，经稳压后通过管道向用户供气的专门场所。

（6）液化石油气瓶组气化站：配置 2 个或以上液化石油气钢瓶，采用自然或强制气化方式将液态液化石油气转换为气态液化石油气后，经稳压后通过管道向用户供气的专门场所。

（7）液化石油气瓶装供应站是经营和储存瓶装液化石油气的专门场所。

图 1-1　液化石油气库站（一）

图 1-2　液化石油气库站（二）

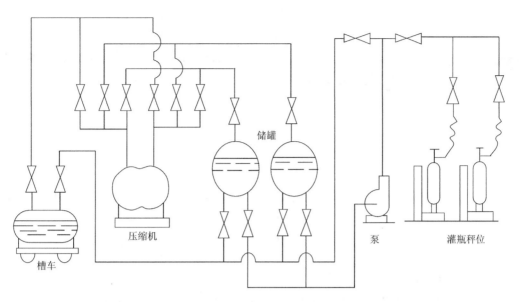

储罐

压缩机

泵

灌瓶秤位

槽车

图 1-3　烃泵—压缩机联合工作装卸流程工艺图

# 2 液化石油气库站的主要设备及系统

## 2.1 主要设备

1. 储罐

液化石油气储罐是储存液化石油气的容器，属特种设备，是三类中压储存类压力容器（容 3MC）。

（1）《固定式压力容器安全技术监察规程》（TSG 21—2016）适用的压力容器范围包括压力容器本体、安全附件及仪表。

1）压力容器本体

①压力容器与外部管道或者装置焊接（粘结）连接的第一道环向接头的坡口面、螺纹连接的第一个螺纹接头端面、法兰连接的第一个法兰密封面、专用连接件或者管件连接的第一个密封面。

②压力容器开孔部分的承压盖及其紧固件；

③非受压元件与受压元件的连接焊缝。

2）安全附件及仪表

①安全附件包括直接连接在压力容器上的安全阀、爆破片装置、易熔塞、紧急切断装置、安全联锁装置；

②压力容器的仪表包括直接连接在压力容器上的压力、温度、液位等测量仪表。

（2）储罐的规格和技术参数

1）球形储罐

球形储罐是由储罐本体、接管、人孔、支柱、梯子及走廊平台等组成（表 2-1）。

常用球形储罐的基本参数　　　　　　　　　　　　表 2-1

| 序号 | 公称容积（m³） | 几何容积（m³） | 外径（mm） | 工作压力（MPa） | 材料 | 单重（t） |
|---|---|---|---|---|---|---|
| 1 | 1000 | 974 | 12396 | 2.2 | 16MnR | 195 |
| 2 | 2000 | 2026 | 15796 | 1.65 | 16MnR | 310 |
| | | | | 2 | 15MnVNR | 330 |
| 3 | 4000 | 4003 | 19776 | 1.35 | 15MnVNR | 390 |
| 4 | 5000 | 4989 | 21276 | 1.29 | 15MnVNR | 475 |
| 5 | 8000 | 7989 | 24876 | 1.08 | 15MnVNR | 635 |
| 6 | 10000 | 10079 | 26876 | 1.01 | 15MnVNR | 765 |

球形储罐在相同的储气容积下，球形储罐的表面积小，与圆筒形储罐比较节省钢材 30%左右。

2）固定式圆筒形储罐

圆筒形储罐是由钢板制成圆筒体，两端为半球形封头构成的容器，储存燃气的圆筒形储罐通常采用卧式安装。

常用卧式圆筒形储罐的规格和参数见表 2-2。

常用卧式圆筒形储罐的规格和参数　　　　　　表 2-2

| 公称容积 (m³) | 内径 (mm) | 壁厚（mm） | | 总长 (mm) | 设计压力 (MPa) | 材料 | 设备重量 (kg) |
|---|---|---|---|---|---|---|---|
| | | 筒体 | 封头 | | | | |
| 10 | 1600 | 12 | 12 | 5264 | | | 3184 |
| 50 | 2600 | 16 | 18 | 9816 | | | 12228 |
| 100 | 3000 | 18 | 20 | 13044 | 1.8 | 16MnR | 22865 |
| 150 | 3400 | 20 | 22 | 17144 | | | 36725 |
| 200 | 3600 | 20 | 22 | 20444 | | | 45430 |
| 300 | 4000 | 22 | 24 | 24596 | | | 66300 |

3）移动式圆筒形储罐

移动式圆筒形储罐与固定式圆筒形储罐的罐体结构是相同的。但罐体底座和安全附件的结构和安装方式不同。

常用移动式圆筒形储罐（如汽车罐车）的规格和参数见表 2-3（参考）。

常用移动式圆筒形储罐（如汽车储罐）的规格和参数　　　　　　表 2-3

| 车型参数 | | 单 位 | 车 型 | | | |
|---|---|---|---|---|---|---|
| | | | 日产 UD | 欧曼 AUMAN | 日野 AINO | 日野 AINO |
| 允许最大载重量 | | t | 10 | 15 | 20 | 24.5 |
| 整车尺寸 | 长 | mm | 10540 | 15530 | 14530 | 17000 |
| | 宽 | mm | 2480 | 2700 | 2460 | 2490 |
| | 高 | mm | 3320 | 3312 | 3842 | 3780 |
| 设计压力 | | MPa | 1.77 | | | |
| 设计温度 | | ℃ | 50 | | | |
| 罐体参数 | 容积 | m³ | 23.8 | 35.72 | 47.62 | 59.5 |
| | 直径 | mm | 2000 | 2000 | 2400 | 2400 |
| | 长度 | mm | 7900 | 11600 | 11000 | 14300 |
| | 壁厚 | mm | 14 | 14 | 16 | 16 |
| | 材质 | | 16MnR | | | |
| 充装口 | 液相 | mm | DN50 | | | |
| | 气相 | mm | DN25 | | | |
| 安全附件 | 安全阀 | 个 | 2 | | | |
| | 压力表 | 个 | 2 | | | |
| 紧急切断阀 | | 个 | 气液相各一个 | | | |

（3）按储存的温度和压力分为：

1）全压力式储罐：在常温状态下盛装液化石油气的储罐；

2）半冷冻式储罐：在较低温度和较低压力下盛装液化石油气的储罐；

3）全冷冻式储罐：在低温和常压下盛装液化石油气的储罐。

一般常见的为全压力式储罐。全压力式液化石油气储罐的设置不应少于2台。

全压力式储罐、半冷冻式储罐与站外建筑、堆场的防火间距不小于《液化石油气供应工程设计规范》（GB 51142—2015）中第5.2.8条的规定；单罐容积大于5000m³，且设有防液堤的全冷冻式储罐与站外建筑、堆场的防火间距不小于《液化石油气供应工程设计规范》GB 51142—2015中第5.2.9条的规定，单罐容积等于或小于5000m³，防火间距可按《液化石油气供应工程设计规范》GB 51142—2015中第5.2.8条中总容积相对应的全压力式液化石油气储罐的规定执行。

2. 烃泵、燃气压缩机

（1）烃泵

液化石油气储配站常用的液态烃泵为容积式叶片泵，国产常见的为YQB系列，有YQB15－5、YQB35－5等型号。YQB15－5表示烃泵的流量为15m³/h，泵的进出口压差为0.5MPa。

1）原理：叶片泵是利用旋转的物体具有离心力这一原理工作的，当泵轴带动转子旋转时，叶片在离心力作用下，向外滑出紧贴定子的复合曲面，随定子复合曲面的变化使泵的进液腔体容积逐渐增大，并形成一定负压将液体吸入。当转子旋转一定角度后，由该滑片组成的工作容积由逐步扩大变成减小，液体随泵工作容积的缩小而被压缩，液体压力不断升高。在吸入腔与压出腔之间有一封油块将两腔隔开，压出的液体沿压出腔经泵的出口排出。

2）叶片泵特点：结构简单，体积小，价格便宜，安装方便，便于运行和维修，密封性能好，性能稳定。

3）常用的YQB系列烃泵的主要部件有：泵体、内套、轴、转子、叶片、侧板、端盖、轴承座、有孔盖、盲孔盖、机械密封环等。

4）YQB型叶片泵运行参数：进、出口压力差≤0.5MPa；液体出口温度≤50℃；电机温度≤60℃；烃泵轴承温度≤40℃（图2-1）。

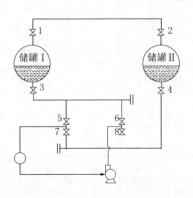

图2-1　YQB型叶片泵

（2）压缩机

压缩机按工作原理分为容积型压缩机和速度型压缩机，液化气站常用的为容积型压缩机，工作原理是依靠工作腔容积的变化来压缩气体，因而它具有容积可周期变化的工作腔。按工作腔和运动部件形状，容积式压缩机可分为"往复式"和"回转式"两大类。前者的运动部件进行往复运动，后者的运动部件做单方向回转运动。液化气站常用的为往复式压缩机，常用型号为 ZW-0.6/8-12、ZW-0.8/10-15 等，ZW-0.6/8-12 表示压缩机公称容积流量为 $0.6m^3/min$，额定吸气压力 0.8MPa，额定排气压力 1.2MPa。

容积型压缩机结构形式主要有活塞式、转子式、离心式和滑片式四种。往复式活塞压缩机的基本结构由三部分组成：

1）基本部分：机身、中体、曲轴、连杆等。作用是传递动力和连接基础与气缸。

2）气缸部分：气缸、气阀、活塞、填料以及安置在气缸上的排气量调节装置等。其作用是形成压缩容积和防止气体泄漏。

3）辅助部分：缓冲器、气液分离器、安全阀、注油器及各种管路系统。其作用是保证压缩机的正常运行（图 2-2）。

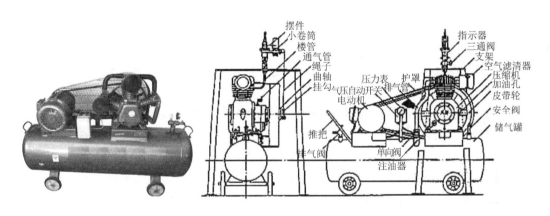

图 2-2 压缩机

3. 卸车臂

鹤管是石化行业流体装卸过程中的专用设备，又称流体装卸臂。它采用旋转接头与刚性管道及弯头连接起来，是实现火车、汽车槽车与栈桥储运管线之间传输液体介质的活动设备，取代了老式的软管连接，其特点是具有很高的安全性、灵活性以及寿命长等。

鹤管分汽车装卸鹤管、火车装卸鹤管等。鹤管主要由固定、回转、操作、平衡等机构和油管组成。其中回转机构（回转接头）是用锻钢或铝合金精心制造，内装复列球轴承，不锈钢特殊密封圈，它旋转灵活、密封性能可靠、经久耐用。平衡系统有配重、扭簧、压簧、拉簧和丝杠以及液压和气动平衡等形式，均能以很小的力进行操作。从装卸形式上可分为上方装卸和下方装卸（图 2-3）。

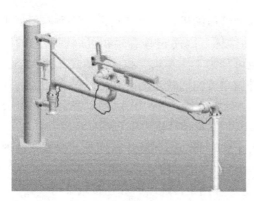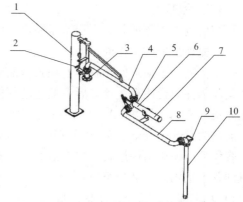

图 2-3　鹤管

1—立柱；2—内臂锁紧；3—连接法兰；4—内臂；5—旋转接头；
6—中间弯管；7—弹簧缸；8—外臂；9—出口弯管；10—垂管

4. 阀门

燃气阀用途广泛，种类繁多，分类方法也比较多。总的可分两大类：

第一类自动阀门：依靠气体本身的能力而自行动作的阀门。如止回阀、调节阀、减压阀等。

第二类驱动阀门：借助手动、电动、气动来操纵动作的阀门。如闸阀，截止阀、节流阀、蝶阀、球阀、旋塞阀等。

液化气站常见的阀门有截止阀、球阀、紧急切断阀、止回阀、安全阀、过滤阀等。

常用阀门的特征：

（1）截止阀是指启闭件沿阀座中心线升降的阀门，主要起切断作用。优点：密封性好，密封面摩擦现象不严重，检修方便，开启高度小，可以适当调节流量。缺点是介质流动阻力大，结构长度和启闭力较大。

（2）球阀：它的启闭件为球体，用球体绕阀体中心作旋转来达到启闭的目的。根据进、出口通道的个数也可分为直通式、三通式和多通式。特点：流动阻力小、结构简单、体积小、低温密封性好、启闭迅速、操作方便和便于维修等（图 2-4）。

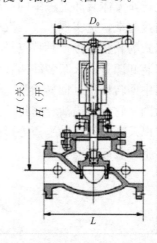

图 2-4　球阀

（3）安全阀是一种超压防护装置，是压力容器、压力管道的重要安全附件。安全阀按其结构主要分为杠杆重锤式、弹簧式和脉冲式。压力容器上普遍采用弹簧式安全阀。新安全阀应当经有资质的单位校验合格后才能安装使用。安全阀的整定压力一般不大于该压力容器的设计压力（图 2-5）。

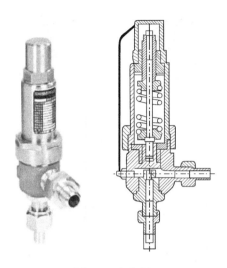

图 2-5　安全阀

（4）过滤阀一般安装在管道设备上，作用是防止介质中的杂质或管道内壁上的铁锈、焊渣等杂物进入工艺系统中，使燃气输配设备免受损坏。常见的为 Y 型过滤阀。

（5）止回阀是指依靠介质本身流动而自动开、闭阀瓣，用来防止介质倒流的阀门，又称单向阀。止回阀属于一种自动阀门，其主要作用是防止介质倒流、防止泵及驱动电动机反转，以及容器介质的泄放（图 2-6）。

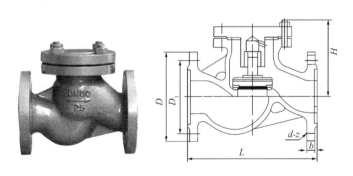

图 2-6　止回阀

（6）紧急切断阀。在燃气储配工艺系统中，当管道或附件突然破裂发生严重泄漏、阀密封失效致使介质流速过快、发生火灾等紧急情况出现，紧急切断装置的作用是迅速切断燃气通路，防止容器内的介质大量外泄，避免或减小事故影响。紧急切断装置的主要元件是紧急切断阀。按操纵方式分类可分为机械（手动）牵引式、油压操纵式、气动操纵式和电动操纵式四种。储存燃气的容器一般使用油压操纵式、气动操纵式紧急切断阀（图 2-7）。

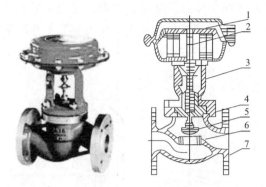

图 2-7　紧急切断阀

1—膜片；2—推杆；3—支架；4—阀杆；5—阀芯；6—阀座；7—阀体

5. 仪表（压力仪表、温度仪表、计量仪表、电力仪表等）

《气瓶充装站安全技术条件》GB 27550—2011 规定液化石油气充装站的电气、仪表配置、安装验收应符合《爆炸危险环境电力装置设计规范》GB 50058—2014 和《电气装置安装工程爆炸和火灾危险环境电气装置施工及验收规范》GB 50257—2014 的规定。

（1）压力仪表主要指安装在液化气站内的设备、管道等部位的压力表及远程传输装置（图 2-8）。

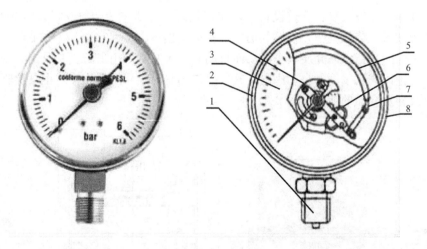

图 2-8　压力仪表

1—接头；2—衬圈；3—度盘；4—指针；

5—弹簧管；6—传动机构（机芯）；7—连杆；8—表壳

（2）测温仪表主要指安装在储罐或槽罐上的测温仪表（或者温度计）。测温仪表应当定期校准（图 2-9）。

（3）计量仪表主要指液位计及流量表等。

（4）电力仪表主要指电流表、电压表等。

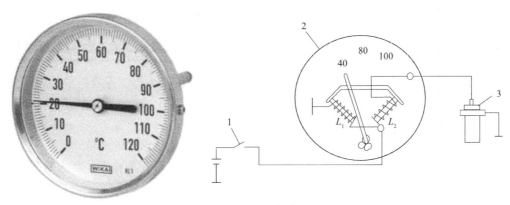

图 2-9　测温仪表

1—点火开关；2—冷却液温度表；3—冷却液温度传感器

6. 液位计（常见的为磁翻板液位计，如图 2-10）

《液化石油气供应工程设计规范》GB 51142—2015 规定：液化石油气储罐应设置就地显示的液位计，当全压力式储罐小于 3000m³ 时，就地液位计宜采用能直接观测储罐全液位的液位计；液化石油气储罐应设置远传显示的液位计，且应设置液位上、下限报警装置，液化石油气气液分离器和容积式气化器应设置直观式液位计。

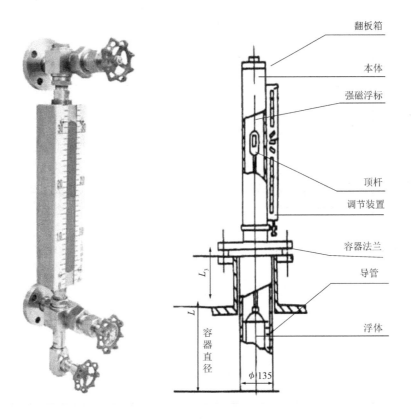

图 2-10　液位计

《固定式压力容器安全技术监察规程》TSG 21—2016 对压力容器用液位计有如下规定:

(1) 根据压力容器的介质、设计压力(或者最高允许工作压力)和设计温度选用;

(2) 在安装使用前,设计压力小于 10MPa 的压力容器用液位计,以 1.5 倍的液位计公称压力进行液压试验;设计压力大于或者等于 10MPa 的压力容器用液位计,以 1.25 倍的液位计公称压力进行液压试验;

(3) 储存 0℃以下介质的压力容器,选用防霜液位计;

(4) 寒冷地区室外使用的液位计,选用夹套型或者保温型结构的液位计;

(5) 用于易爆、毒性危害程度为极度或者高度危害介质以及液化气体压力容器上的液位计,有防止泄漏的保护装置;

(6) 要求液面指示平稳的,不允许采用浮子(标)式液位计。

7. 充气枪

液化石油气气瓶充装设备与工艺流程如图 2-11 所示。

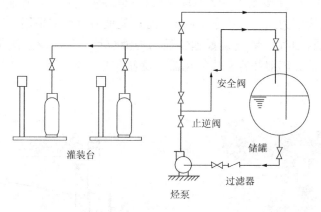

图 2-11  液化石油气气瓶充装设备与工艺流程

8. 计量衡器

《气瓶充装站安全技术条件》GB 27550—2011 规定:液化气体充装站应配备有与充装接头数量相等的计量衡器。复检与充装的计量衡器应分开使用。配备的计量衡器应达到下列要求:

(1) 计量衡器的最大称重值不得大于所充气瓶实重(包括自重和装液重量)的 3 倍,且不小于 1.5 倍。

(2) 固定式电子计量衡器的精度应符合《固定式电子衡器》GB/T 7723—2008 规定的 3 级秤等级要求。液化石油气充装站应配备具有在超装时能自动切断功能的计量衡器(图 2-12)。

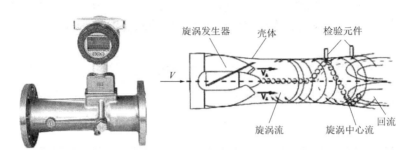

旋涡发生器　壳体　　检验元件

V
旋涡流　　旋涡中心流　回流

图 2-12　计量衡器

9. 可燃气体报警器

液化石油气充装站应在液化石油气储罐区、装卸区、充装区（灌瓶间、储瓶库）、压缩机房、烃泵等处安装固定式可燃气体检测报警系统，并应符合下列规定：

（1）可燃气体探测器和报警控制器的选用和安装，应符合国家现行标准《石油化工可燃气体和有毒气体检测报警设计规范》GB 50493—2015 和《城镇燃气报警控制系统技术规程》CJJ/T 146—2011 的有关规定；

（2）瓶组气化站和瓶装液化石油气供应站可采用手提式可燃气体泄漏报警装置，可燃气体探测器的报警设定值应按可燃气体爆炸下限的20％确定；

（3）可燃气体报警控制器宜与控制系统联锁；

（4）可燃气体报警系统的指示报警设备应设在值班室或仪表间等有值班人员的场所（图 2-13）。

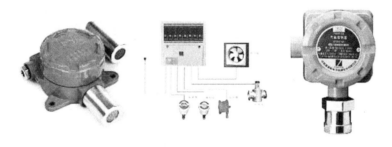

图 2-13　可燃气体报警控制器与控制系统图

10. 防雷、防静电设施

（1）液化石油气供应站具有爆炸危险建筑的防雷设计应符合现行国家标准《建筑物防雷设计规范》GB 50057—2011 中第二类防雷建筑物的有关规定；

（2）液化石油气罐体应设置防雷接地装置，并应符合现行国家标准《石油化工装置防雷设计规范》GB 50650—2011 的有关规定；

（3）防雷接地装置的电阻值，应按现行国家标准《石油库设计规范》GB 50074—2014 和《建筑物防雷设计规范》GB 50057—2011 的有关规定；

（4）液化石油气储罐、泵、压缩机、气化、混气和调压、计量装置及低支架和架空敷设的管道应采取静电接地；

（5）液化石油气供应站静电接地设计应符合现行国家标准《石油化工企业设计防火规

范》GB 50160—2008 和《石油化工静电接地设计规范》SH 3097—2000 的有关规定；

（6）在生产区入口处应设置安全有效的人体静电消除装置。

## 2.2 系 统

1. 供应系统

液化石油气供应系统如图 2-14 所示。

（1）液态液化石油气运输；

（2）液化石油气供应站（包括储存站、储配站和灌装站）；

（3）液化石油气气化站、混气站和瓶组气化站；

（4）瓶装液化石油气供应站；

（5）液化石油气用户。

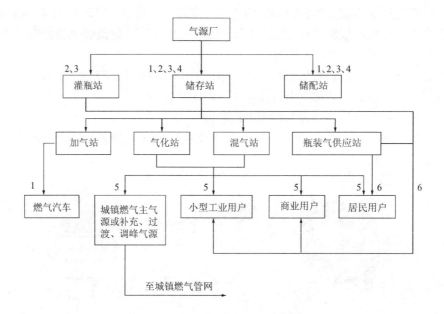

图 2-14 液化石油气供应系统

1—管道输送；2—铁路罐车运输；3—汽车罐车运输；4—船舶运输；5—气管输送；6—送瓶车运输

2. 电气控制

液化石油气供应站可能出现爆炸性气体混合物的环境，其电力装置设计应符合现行国家标准《爆炸危险环境电力装置设计规范》GB 50058—2014 的规定。

液化石油气储存站、储配站和灌装站内消防水泵及消防应急照明和液化石油气气化站、混气站的供电系统设计应符合现行国家标准《供配电系统设计规范》GB 50052—2009 中"二级"负荷的有关规定。液化石油气储存站、储配站和灌装站其他电气设备的供电系统可为三级负荷。

消防水泵房及其配电室应设置应急照明，应急照明的备用电源可采用蓄电池，且连续供电时间不应少于 0.5h。重要消防用电设备的供电，应在最末一级配电装置或配电箱处实现自动切换。消防系统的配电及控制线路应采用耐火电缆。

3. 计量

液化气站内的计量系统包括：电子灌装称的称重系统，电子汽车衡的称重系统，流量计、罐体液位计等。

功能作用：在称重的整个过程里做到计量数据自动可靠采集、自动判别、自动指挥、自动处理、自动控制，最大限度地降低人工操作所带来的弊端和工作强度，提高了系统的信息化、自动化程度。

4. 安全与监控

液化石油气供应站内灌瓶间的钢瓶灌装嘴、铁路槽车和汽车槽车装卸口的释放源可划分为一级释放源，其余爆炸危险场所的释放源可划分为二级释放源。

液化石油气储配站工艺系统危险因素辨识包括：火灾、爆炸；物体打击；车辆伤害；机械伤害；触电；中毒和窒息；高处坠落；坍塌；淹溺等。

液化石油气储配站安全与监控系统包括：可燃气体报警系统，储罐高低液位报警系统，液位、压力远程传输系统，罐体、液化石油气罐车的紧急切断装置，储罐的安全附件，消防系统，视频监控系统等。

液化石油气供应站安全防范系统设计除应符合现行国家标准《安全防范工程技术规范》GB 50348—2004、《视频安防监控系统工程设计规范》GB 50395—2007 和《出入口控制系统工程设计规范》GB 50396—2007 的有关规定外，尚应在无人值守的场所安装入侵探测器和声光报警器。

三级及以上液化石油气供应站应设置安防中心控制室，并应符合下列规定：

(1) 视频安防监控、入侵报警（紧急报警）、出入口控制、电子巡查系统的控制，显示设备均应设置在独立的安防中心控制室，并能实现对各子系统的操作、记录和打印；

(2) 应安装紧急报警装置，并与区域报警中心联网；

(3) 应配置能与报警同步的终端图形显示装置，并能准确地识别报警区域，实时显示发生警情的区域、日期、时间及报警类型等信息。

5. 通信

液化石油气供应站内至少设置 1 台直通外线的电话。在具有爆炸危险的场所应使用防爆型电话。

# 3 液化石油气库站的工艺流程与运行参数

## 3.1 工艺流程

1. 罐车卸气流程（图 3-1）

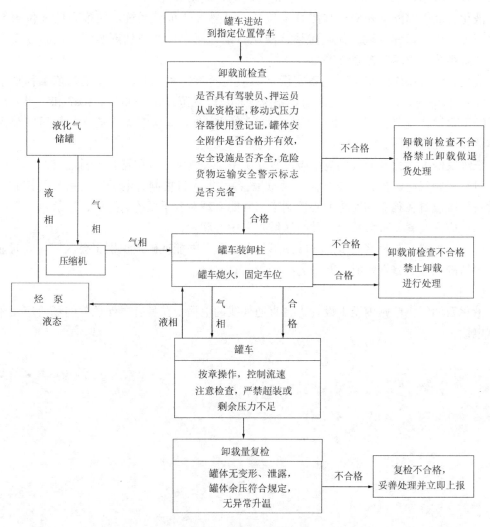

图 3-1 罐车卸气流程

## 2. 罐车充装流程（图 3-2）

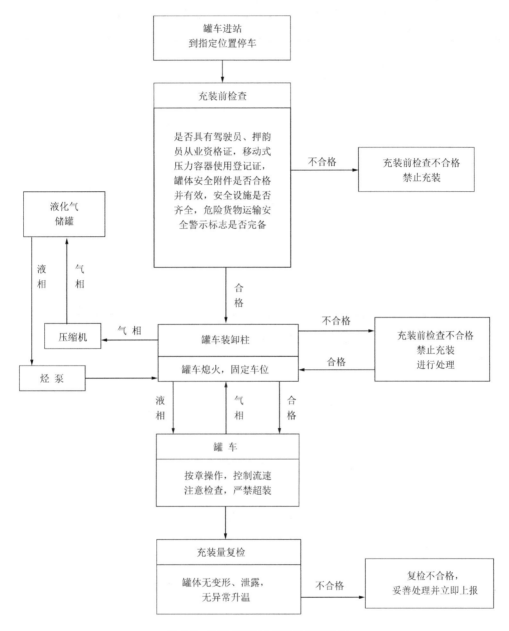

图 3-2　液化气罐车充装工艺流程图

## 3. 液化石油气分装流程（图 3-3）

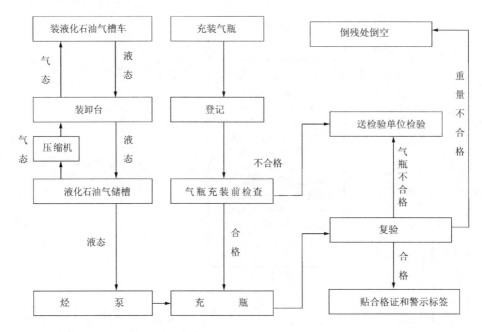

图 3-3  液化石油气分装工艺流程图

## 4. 液化石油气残液处理流程（图 3-4）

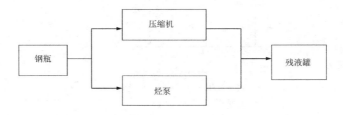

图 3-4  液化石油气残液处理工艺流程图

## 5. 压缩机倒灌流程（图 3-5）

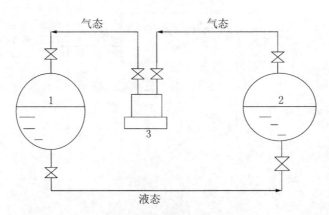

图 3-5  压缩机倒灌工艺流程图
1—出液储罐；2—进液储罐；3—压缩机

6. 烃泵灌装工艺流程（图 3-6）

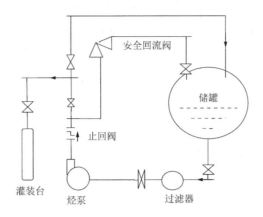

图 3-6　烃泵灌装工艺流程图

（1）储罐内的液态液化石油气经烃泵加压后送至灌装台灌瓶。

（2）为防止灌瓶时超压，在烃泵出口设置安全回流阀，当烃泵出口处液相管内压力高于安全回流阀的设定压力时，安全回流阀开启，液化石油气流回储罐。

（3）在烃泵出口处设置"止回阀"，防止灌瓶超压时，损害烃泵。

7. 烃泵装卸工艺流程（图 3-7）

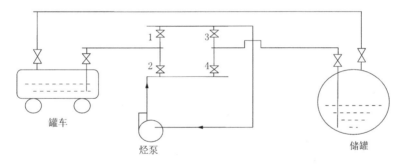

图 3-7　烃泵装卸工艺流程图

## 3.2　运行参数

1. 压力

压力：（物理术语）压力指发生在两个物体的接触表面的作用力，或者是气体对于固体和液体表面的垂直作用力，或者是液体对于固体表面的垂直作用力。习惯上，在力学和多数工程学科中，"压力"一词与物理学中的压强同义。

测量压力有两种标准方法：一种以压力等于零为测量起点，称为绝对压力，另一种以当时当地的大气压作为测量起点，也就是压力表测量出来的数值，称为表压力，通常所讲的压力都是指表压力。常用单位：兆帕（MPa）、千帕（kPa）、帕（Pa）。

常用测量仪表是压力表，根据《固定式压力容器安全技术监察规程》TSG 21—2016规定，液化石油气储罐选用的压力表应与液化石油气相适应；设计压力小于 1.6 MPa 的液化石油气储罐使用的压力表的精度不得低于 2.5 级，设计压力大于或者等于 1.6 MPa 的液化石油气储罐使用的压力表的精度不得低于 1.6 级，压力表表盘刻度极限值应当为工作压力的 1.5～3.0 倍；《根据气瓶充装站安全技术条件》GB 27550—2011 规定：设备及管道上的压力指示计的精度不低于 1.6 级，指针式压力计表盘直径不小于 100mm，压力表应每半年校验一次。

液化石油气储罐的设计压力：是指设定的液化石油气储罐顶部的最高压力，与设计温度一起作为设计载荷条件，其值不低于工作压力，通常取值 1.77 MPa。

常温储存混合液化石油气储罐规定温度下的工作压力，按照不低于 50℃时混合液化石油气组分的实际饱和蒸气压来确定。

液化石油气储罐、泵、压缩机、气化、混气和调压，计量装置的进、出口应设置压力表。液化石油气储罐应设置压力上限报警装置。

2. 温度

常用单位：℃，液化石油气的引燃温度：426～537℃，闪点－74℃，液化石油气的爆炸极限（1.5%～9.5%）是在常压和 20℃条件下，可燃气体在空气中的体积分数。

液化气储罐的设计温度是指储罐在正常工作条件下，设定的元件温度（沿元件截面的温度平均值），设计温度和设计压力一起作为设计载荷条件；对于常温液化气储罐当正常工作条件下大气环境温度对压力容器壳体金属温度有影响时，其最低设计金属温度不得高于历年来月平均最低气温（当月各天的最低气温值相加后除以当月的天数）的最低值。液化气储罐应设置温度计。

3. 计量

常用单位：吨（t）、公斤（kg）、立方米（m³）。

液化石油气储罐最大设计允许充装质量应按下式计算：

$$G = 0.9 \rho V_h$$

式中　$G$——最大设计允许充装质量（kg）；

　　　$\rho$——40℃时液态液化石油气密度（kg/m³）；

　　　$V_h$——储罐的几何容积（m³）。

注：采用地下储罐时，液化石油气密度可根据当地最高地温确定。

液化石油气储罐的装量系数不得大于规定设计储存量的 95%。

灌装计量衡器的最大称量值不得大于所充气瓶（包括自重与装液重量）的 3 倍，且不小于 1.5 倍。固定式电子计量衡器的精度应符合 GB 7723 规定的 3 级称等级要求。电子灌装秤和电子汽车衡每年至少校验一次，燃气流量计（表）每 24 个月至少校验一次；膜式燃气表 B 级（6m³ 以下），首次检定，使用 6 年更换。

调压计量设备主要指燃气调压器。

# 4 压力容器基本知识与机械基础知识

## 4.1 压力容器基本知识

1. 压力容器的定义

压力容器是指盛装气体或者液体，承载一定压力的密闭设备。其范围规定为最高工作压力大于或者等于 0.1MPa（表压）的气体、液化气体和最高工作温度高于或者等于标准沸点的液体、容积大于或者等于 30L 且内直径（非圆形截面指截面内边界最大几何尺寸）大于或者等于 150mm 的固定式容器和移动式容器；盛装公称工作压力大于或者等于 0.2MPa（表压），且压力与容积的乘积大于或者等于 1.0MPa·L 的气体、液化气体和标准沸点等于或者低于 60℃液体的气瓶；氧舱。

2. 压力容器分类

根据《特种设备目录》压力容器可划分：

（1）固定式压力容器：包括超高压容器、第一类压力容器、第二类压力容器、第三类压力容器（《固定式压力容器安全技术监察规程》TSG 21—2016 中 I 类压力容器、II 类压力容器、III 类压力容器等同于《特种设备目录》中的第一、二、三类压力容器；超高压容器划分为 III 类压力容器）。《固定式压力容器安全技术监察规程》TSG 21—2016 规定：压力容器的分类应当根据介质特征，依照《固定式压力容器安全技术监察规程》TSG 21—2016 选择分类图，再根据设计压力 $P$（单位 MPa）和容积 $V$（单位 $m^3$），标出坐标点，确定压力容器类别。

（2）移动式压力容器：包括铁路罐车、汽车罐车、长管拖车、罐式集装箱、管束式集装箱。

3. 压力容器分级

按压力等级划分，压力容器的设计压力 $P$ 划分为低压（0.1MPa≤$P$<1.6MPa，代号 L）、中压（1.6MPa≤$P$<10.0MPa，代号 M）、高压（10.0MPa≤$P$<100.0MPa，代号 H）、超高压（$P$≥100.0MPa，代号 U）4 个压力等级。

4. 压力容器检测与管理

（1）压力容器定期检验

1）是指特种设备检验机构按照一定的时间周期，在压力容器停机时，根据规定对在用压力容器的安全状况所进行的符合性验证活动。

2）定期检验程序：包括检验方案制定、检验前准备、检验实施、缺陷及问题的处理、检验结果汇总、出具检验报告等。

3）报检：使用单位应当在压力容器定期检验有效期届满的 1 个月以前向检验机构申报定期检验。检验机构接到定期检验申报后，应当在定期检验有效期届满前安排检验。

4）安全状况等级：在用压力容器安全状况分为 1 级～5 级。

5）检验周期：金属压力容器一般于投用后 3 年内进行首次定期检验。以后的检验周期由检验机构根据压力容器的安全状况等级，按照以下确定：①安全状况等级为 1、2 级的，一般每 6 年检验一次；②安全状况等级为 3 级的，一般每 3～6 年检验一次；③安全状况等级为 4 级的，监控使用，其检验周期由检验机构确定，累计监控使用时间不得超过 3 年，在监控使用期间，使用单位应当采取有效的监控措施；④安全状况等级为 5 级的，应当对缺陷进行处理，否则不得继续使用。

（2）压力容器使用管理

1）压力容器使用单位应当按照《特种设备使用规则》的有关要求，对压力容器进行使用安全管理，设置安全管理机构，配备安全管理负责人、安全管理人员和作业人员，办理使用登记证，建立各项安全管理制度，制定操作规程，并进行检查。

2）使用登记：使用单位应当按照规定在压力容器投入使用前或者投入使用后 30 日内，向所在地负责特种设备使用登记的部门申请办理《特种设备使用登记证》。

3）压力容器操作规程：压力容器使用单位，应当在工艺操作规程和岗位操作规程中，明确提出压力容器安全操作要求。操作规程至少包括以下内容：①操作工艺参数（含工作压力、最高或者最低工作温度）；②岗位操作方法（含开、停车的操作程序和注意事项）；③运行中重点检查的项目和部位，运行中可能出现的异常现象和防止措施，以及紧急情况的处置和报告程序。

4）经常性维护保养：使用单位应当建立压力容器装置巡检制度，并对压力容器本体及其安全附件、装卸附件、安全保护装置、测量调控装置、附属仪器仪表进行经常性维护保养。对发现的异常情况及时处理并记录，保证在用压力容器始终处于正常使用状态。

5）定期自行检查：包括月度检查、年度检查。具体如下：

月度检查：使用单位每月对所使用的压力容器至少进行 1 次月度检查，并且应当记录检查情况；当年度检查与月度检查时间重合时，可不再进行月度检查。检查内容：压力容器本体及其安全附件、装卸附件、安全保护装置、测量调控装置、附属仪器仪表是否完好，各密封面有无泄漏，以及其他异常情况。

年度检查：使用单位每年对所使用的压力容器至少进行 1 次年度检查，检查项目至少包括压力容器安全管理情况、压力容器本体及其运行状况和压力容器安全附件检查等。年度检查工作可以有压力容器使用单位安全管理人员组织经过专业培训的作业人员进行，也可以委托有资质的特种设备检验机构进行。年度检查由使用单位自行实施时，要按规定检查项目、要求记录，并且出具年度检查报告，年度检查报告应当由使用单位安全管理负责人或者授权的安全管理人员审批。

# 4.2　机械基础知识

1. 机械基础的简述

机械是指机器与机构的总称。机械就是能帮人们降低工作难度或省力的工具装置，像筷子、扫帚以及镊子一类的物品都可以被称为机械，他们是简单机械。而复杂机械就是由两种或两种以上的简单机械构成。通常把这些比较复杂的机械叫做机器。从结构和运动的观点来看，机构和机器并无区别，泛称为机械。具备如下三个特征：

（1）机械是物体的组合，假定力加到其各个部分也难以变形。

（2）这些物体必须实现相互的、单一的、规定的运动。

（3）把施加的能量转变为最有用的形式，或转变为有效的机械功。

机构和机器的定义来源于机械工程学，属于现代机械原理中的最基本的概念，机械的现代概念是指一切具有确定的运动系统的机器和机构的总称。

2. 零件制图识图基础知识

零件图的作用与内容如下：

（1）零件图的作用

任何机械都是由许多零件组成的，制造机器就必须先制造零件。零件图就是制造和检验零件的依据，它依据零件在机器中的位置和作用，对零件的外形、结构、尺寸、材料和技术等方面都提出了一定的要求。

（2）零件图的内容

1）标题栏：位于图中的右下角，标题栏一般填写零件名称、材料、数量、图样的比例，代号和图样的责任人签名和单位名称等。标题栏的方向与看图的方向应一致。

2）一组图形：用以表达零件的结构形状，可以采用视图、剖视、剖面、规定画法和简化画法等表达方法表达。

3）必要的尺寸：反映零件各部分结构的大小和相互位置关系，满足零件制造和检验的要求。

4）技术要求：给出零件的表面粗糙度、尺寸公差、形状和位置公差以及材料的热处理和表面处理等要求。

3. 视图

物体有 6 个基本投影面（物体在立方体的中心，投影到前后左右上下 6 个方向）投影所得的视图。

前视图、不等角视图、左视图、右视图、顶视图、底视图及后视图如图 4-1 所示。

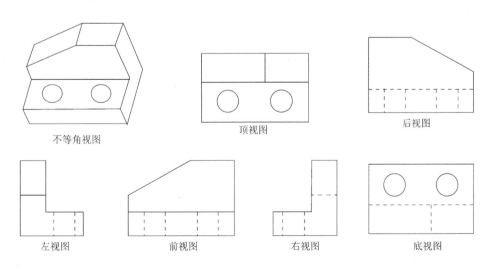

不等角视图　　　　　顶视图　　　　　后视图

左视图　　　前视图　　　右视图　　　底视图

图 4-1　视图

4．全剖半剖

为了辅助了解物体内部结构及相关参数，有时候需要对物体进行剖切，所得的视图分为全剖视图和半剖视图。

（1）全剖视图：用剖切面完全的剖开物体所得到的剖视图称为全剖视图。

（2）半剖视图：当物体具有对称平面时，向垂直于对称平面的投影面上投影所得的图形，可以对中心线为界，一半画成剖视图，另一半画成视图，称为半剖视图。

5．尺寸及其标注

（1）尺寸的定义：以特定单位表示线性尺寸值的数值。

（2）尺寸的分类

1）基本尺寸：通过它应用上、下偏差可计算出极限尺寸的大小。

2）实际尺寸：通过测量获得的尺寸。

3）极限尺寸：一个尺寸允许的两个极端，其中最大的一个称为最大极限尺寸；最小的一个称为最小极限尺寸。

4）尺寸偏差：最大极限尺寸减其基本尺寸所得的代数差称为上偏差；最小极限尺寸减其基本尺寸所得代数差称为下偏差。上下偏差统称为极限偏差，偏差可正可负。

5）尺寸公差：简称公差，最大极限尺寸减去最小极限尺寸之差，它是允许尺寸的变动量。尺寸公差永为正值。

例如：$\phi 20$，0.5，$-0.31$；其中 $\phi 20$ 为基本尺寸，0.81 为公差。0.5 为上偏差，$-0.31$ 为下偏差。20.5 和 19.69 分别为最大、最小极限尺寸。

6）零线：在极限与配合图中，表示基本尺寸的一条直线，以其为基准确定偏差和公差。

7）标准公差：极限与配合制中，所规定的任一公差。国家标准中规定，对于一定的基本尺寸，其标准公差共有 20 个公差等级。

公差分为 CT、IT、JT 3 个系列标准。CT 系列为铸造公差标准，IT 是 ISO 国际尺寸公差，JT 为中国机械部尺寸公差，见表 4-1。

铸件线性尺寸公差 （mm） ISO 8062 表 4-1

| 尺寸范围 | 0 −10 | >10 −16 | >16 −25 | >25 −40 | >40 −63 | >63 −100 | >100 −160 | >160 −250 | >250 −400 | >400 −630 | >630 −1000 |
|---|---|---|---|---|---|---|---|---|---|---|---|
| 公差值 | +/− 0.26 | +/− 0.27 | +/− 0.29 | +/− 0.32 | +/− 0.35 | +/− 0.55 | +/− 0.60 | +/− 1.00 | +/− 1.10 | +/− 1.80 | +/− 2.00 |

不同产品有不同的公差等级。等级越高，生产技术要求越高，成本越高。例如砂型铸造公差等级一般在 CT8～CT10，为精密铸造件，一般用国际标准 CT6～CT9。

8）基本偏差：在极限与配合制中，确定公差带相对零线位置的那个极限偏差，一般为靠近零线的那个偏差。国家标准中规定基本偏差代号用拉丁字母表示，大写字母表示孔，小写字母表示轴，对孔和轴的每一个基本尺寸段规定了 28 个基本偏差。

（3）尺寸的标注

1）尺寸标注的要求

零件图上尺寸是制造零件时加工和检验的依据。因此，零件图上标注的尺寸除应正确、完整、清晰外，还应尽可能合理，即使所注尺寸满足设计要求和使于加工测量。

2）尺寸基准

尺寸基准是标注定位尺寸的基准，尺寸基准一般分为设计基准（设计时用以确定零件结构位置）和工艺基准（制造时用以定位、加工和检验）。

零件上的底面、端面、对称面、轴线及圆心等都可以作为基准尺寸。基准又分为主要基准和辅助基准。一般在长、宽、高三个方向各选一个设计基准为主要基准，它们决定零件的主要尺寸。这些主要尺寸影响零件在机器中的工作性能、装配精度，因此，主要尺寸要从主要基准直接注出。除主要基准之外的其余的尺寸基准则为辅助基准，以便于加工和测量。辅助基准都有尺寸与主要基准相联系。

6. 公差与配合

在成批量生产、装配机器时，要求一批相配合的零件只要按图样加工出来，不经选择而装配，就能达到设计要求和使用要求。零件间的这种性质称为互换性。零件具有互换性后，大大简化了零部件的制造和维修工作，使产品的生产周期缩短，生产率提高，成本降低。

公差与配合的概念

（1）公差

如果要零件制造加工的尺寸绝对准确，实际上是做不到的。但是为了保证零件的互换性，设计时根据零件的使用要求而制定了允许尺寸的变动量，称为尺寸公差，简称公差。公差的数值愈小，即允许误差的变动范围越小，则越难加工。

（2）形状和位置公差（简称形位公差）的概念

经过加工的零件表面，不仅有尺寸误差，同时也产生形状和位置误差。这些误差不但降低了零件的精度，同时也会影响使用性能。因此，国家标准规定了零件表面的形状和位置公差，简称形位公差（图4-2）。

图 4-2　误差与公差

1）形位公差特征项目的符号，见表 4-2。

**形位公差的分类、项目及符号**　　　　表 4-2

| 公差 | | 特征项目 | 符号 | 有或无基准要求 | 公差 | | 特征项目 | 符号 | 有或无基准要求 |
|---|---|---|---|---|---|---|---|---|---|
| 形状 | 形状 | 直线度 | —— | 无 | 位置 | 定向 | 平行度 | // | 有 |
| | | 平面度 | ▱ | 无 | | | 重直度 | ⊥ | 有 |
| | | 圆度 | ○ | 无 | | | 倾斜度 | ∠ | 有 |
| | | 圆柱度 | ⌀ | 无 | | 定位 | 位置度 | ⊕ | 有或无 |
| | | | | | | | 同轴（同心）度 | ◎ | 有 |
| 形状或位置 | 轮廓 | 线轮廓度 | ⌒ | 有或无 | | 流动 | 对称度 | ⚌ | 有 |
| | | 面轮廓度 | ⌓ | 有或无 | | | 圆跳动 | ↗ | 有 |
| | | | | | | | 全跳动 | ↗↗ | 有 |

2）尺寸公差在零件图的标注

在零件图中的标注尺寸公差常用标注极限偏差值，如图 4-3 所示。

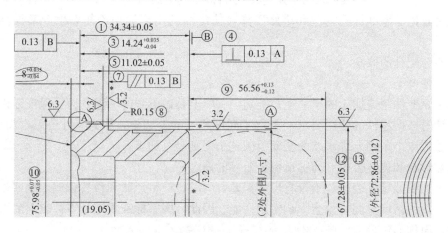

图 4-3　尺寸公差在零件图中的标注

3）框格形位公差的要求在框格中给出，框格由两格或多格组成（图 4-4）。框格中的内容从左到右按下列次序填写：公差特征符号、公差值，需要时用一个或多个字母表示基准要素或基准体系。如图 4-5（a）所示。对同一个要素有一个以上的公差特征项目要求时，可将一个框格放在另一个框格下面，如图 4-5（b）所示。

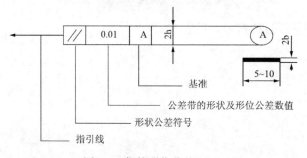

图 4-4　框格形位公差（一）

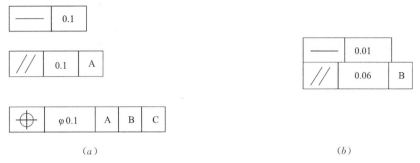

（a）                                                                （b）

图 4-5　框格形位公差（二）

4）被测要素

用带箭头的指引线将被测要素与公差框格一端相连，指引线箭头指向公差带的宽度方向或直径方向。指引线箭头所指部位可有：

①当被测要素为整体轴线或公共中心平面时，指引线箭头可直接指在轴线或中心线上，如图 4-6（a）。

②当被测要素为轴线、球心或中心平面时，指引线箭头应与该要素的尺寸线对齐，如图 4-6（b）。

③当被测要素为线或表面时，指引线箭头应指要该要素的轮廓线或其引出线上，并应明显地与尺寸线错开，如图 4-6（c）。

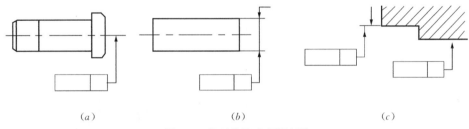

（a）                                （b）                                （c）

图 4-6　指引线箭头所指部位

5）基准要素

用带基准符号的指引线将基准要素与公差框格的另一端相连，如图 4-7（a）。

①当基准要素为素线或表面时，基准符号应靠近该要素的轮廓线或引出线标注，并应明显与尺寸线箭头错开，如图 4-7（a）。

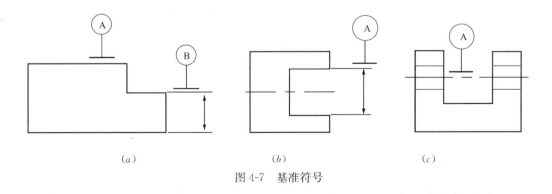

（a）                                （b）                                （c）

图 4-7　基准符号

②当基准要素为轴线、球心或中心平面时，基准符号应与该要素的尺寸线箭头对齐，如图 4-7 (b)。

③当基准要素为整体轴线或公共中心面时，基准符号可直接靠近公共轴线（或公共中心线）标注，如图 4-7 (c)。

(3) 形位公差详解

形状公差项目及其符号（见表 4-3）。

形状公差项目及其符号                                                     表 4-3

| 项　目 | 符　号 | 项　目 | 符　号 | 项　目 | 符　号 |
|---|---|---|---|---|---|
| 直线度 | —— | 圆度 | ◯ | 线轮廓度 | ⌒ |
| 平面度 | ▱ | 圆柱度 | ⌀ | 面轮廓度 | ⌓ |

形状公差示例（见表 4-4）。

形状公差示例                                                             表 4-4

| 序号 | 项目 | 图样标注 | 公差带 | 说　明 |
|---|---|---|---|---|
| 1 | 直线度 | | | 实际棱线必须位于箭头所指方向且距离为 0.02mm 的两平行平面之间 |
| 2 | | | | 实际棱线必须位于水平方向距离为 0.04mm，垂直方向距离为 0.02mm 的四棱柱内 |
| 3 | | | | $\phi d$ 实际轴线必须位于以理想轴线为轴线，直径为 $\phi 0.04$mm 的圆柱内 |
| 4 | | | | 圆柱表面上的任一素线必须位于轴向平面内，且距离为 0.02mm 的两平行直线之 |

续表

| 序号 | 项目 | 图样标注 | 公差带 | 说 明 |
|---|---|---|---|---|
| 5 | 直线度 | 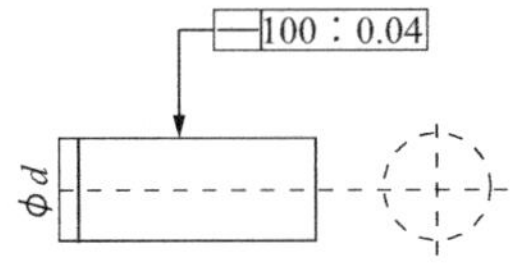 □ 100：0.04 $\phi d$ | 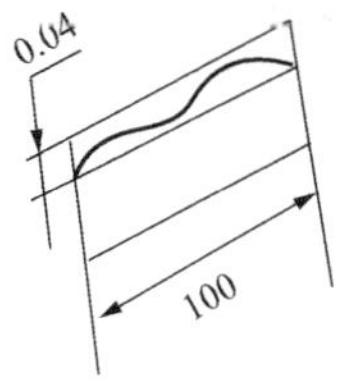 0.04 100 | 该表面长度方向上的任一素线，在任意100mm长度内必须位于轴向截面内距离为0.04mm的两平行直线之间 |
| 6 | 平面度 | 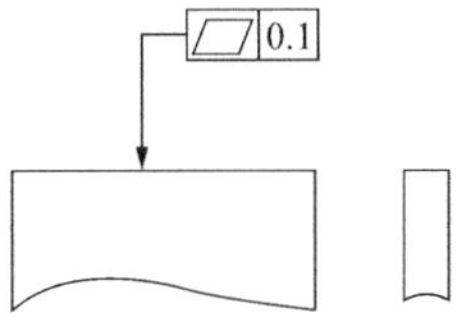 ▱ 0.1 | 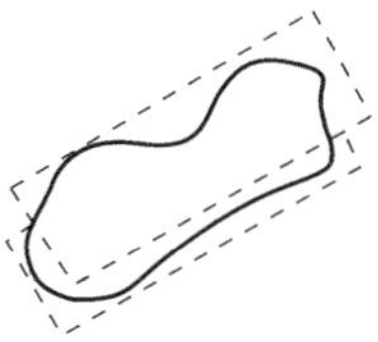 0.1 | 实际表面必须位于箭头所指方向且距离为0.1mm的两平行平面内 |
| 7 | 圆度 | 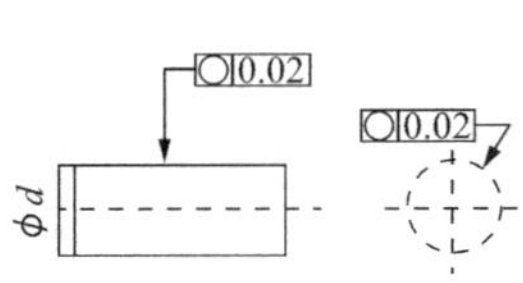 ○ 0.02 ○ 0.02 $\phi d$ | 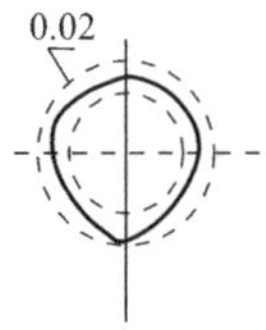 0.02 | 在垂直于轴线的任一正截面内，其截面轮廓必须位于半径差为0.02mm的两同心圆之间 |
| 8 | 圆柱度 | 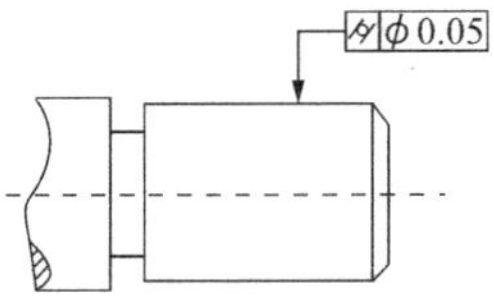 ⌭ $\phi$ 0.05 | 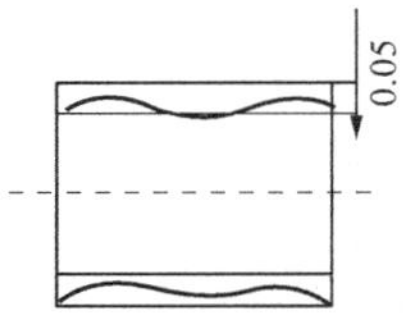 0.05 | 实际圆柱面必须位于半径差为0.05mm的两同轴圆柱面之间 |

（4）位置误差与公差

位置误差分为定向误差、定位误差、跳动误差，所对应的公差分别为定向公差、定位公差、跳动公差。

位置公差项目及其符号，见表4-5。

位置公差项目及其符号 表4-5

| 定向公差 | | 定位公差 | | 跳动公差 | |
|---|---|---|---|---|---|
| 项 目 | 符 号 | 项 目 | 符 号 | 项 目 | 符 号 |
| 平行线 | // | 同轴度 | ◎ | 圆跳动 | ↗ |
| 垂直度 | ⊥ | 对称度 | ═ | 全跳动 | ⌰ |
| 倾斜度 | ∠ | 位置度 | ⊕ | | |

定向位置公差示例，见表 4-6。

定向位置公差示例 表 4-6

| 序号 | 项目 | 图样标注 | 公差带 | 说　明 |
|---|---|---|---|---|
| 1 |  | | 基准轴线 | $\phi d$ 的轴线必须位于距离为 0.1mm，且在垂直方向平行于基准轴线的两平行平面之间 |
| 2 | 平行度 | | 基准轴线 | $\phi D$ 的轴线必须位于水平方向距离为 0.2mm，垂直方向距离为 0.1mm，且平行于基准轴线的四棱柱内 |
| 3 |  | | 基准轴线 | $\phi d$ 的轴线必须位于直径为 $\phi 0.1$mm，且平行于基准轴线的圆柱面内 |
| 4 | 垂直度 | | 基准轴线 | 左侧端面必须位于距离为 0.05mm，且垂直于基准轴线的两平行平面之间 |

| 序号 | 项目 | 图样标注 | 公差带 | 说　明 |
|---|---|---|---|---|
| 5 | 垂直度 | 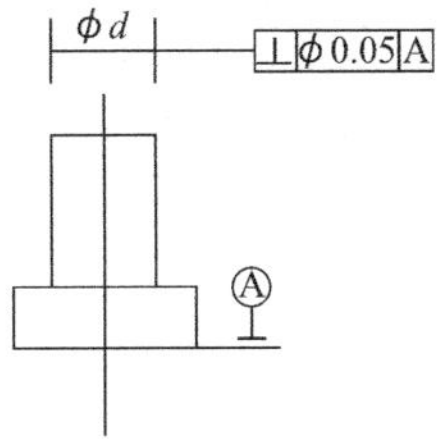 | 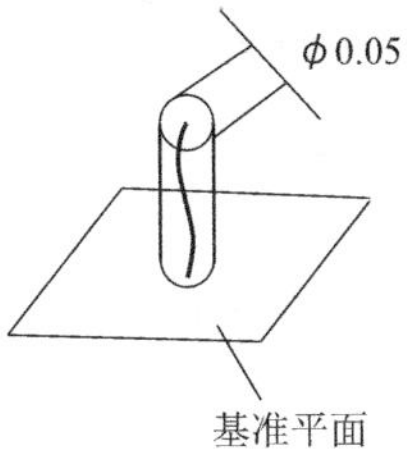 基准平面 | $\phi d$ 的轴线必须位于直径为 $\phi 0.05mm$，且垂直于基准平面的圆柱面内 |
| 6 | 垂直度 | 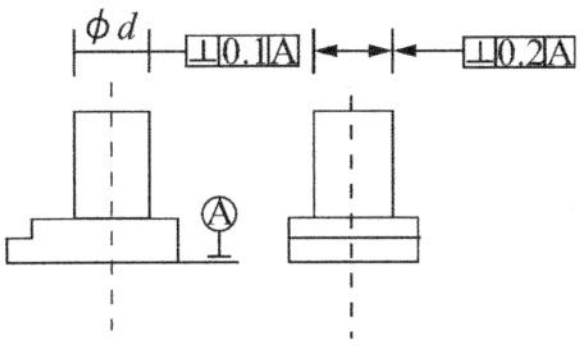 | 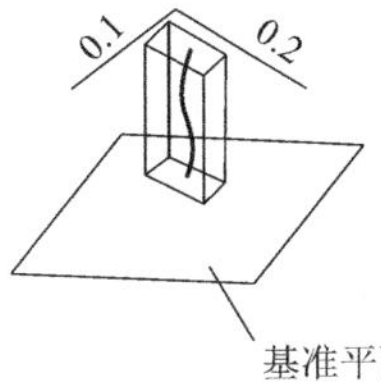 基准平面 | $\phi d$ 的轴线必须位于截面为 $0.1mm \times 0.2mm$，且垂直于基准平面的四棱柱内 |
| 7 | 倾斜度 | 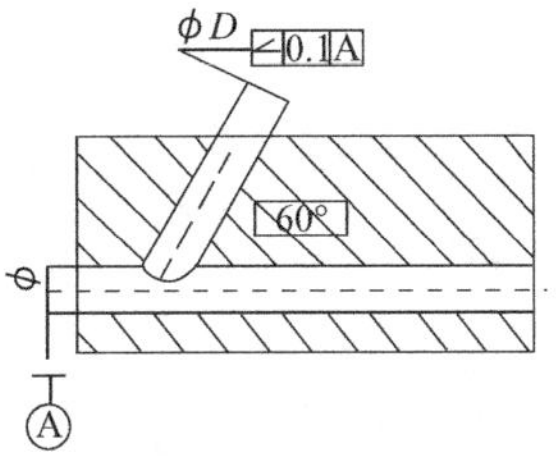 | 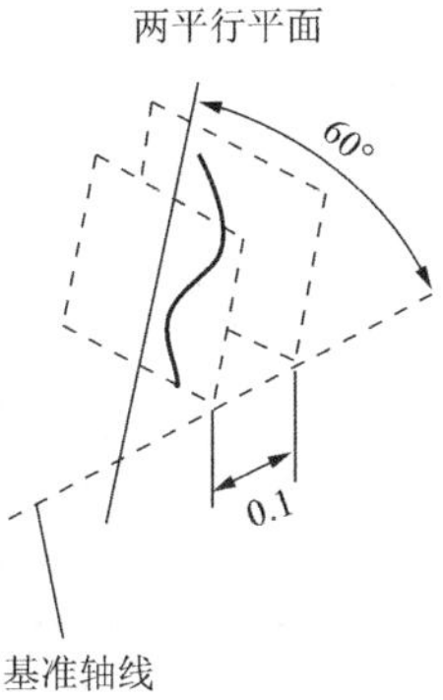 两平行平面 60° 基准轴线 0.1 | $\phi d$ 的轴线必须位于距离为 $0.1mm$，且与基准轴线成理论正确角度为 $60°$的两平行平面之间 |

定位位置公差示例见表4-7。

**定位位置公差示例**　　　　　　　　　　　表4-7

| 序号 | 项目 | 图样标注 | 公差带 | 说　明 |
|---|---|---|---|---|
| 1 | 同轴度 | 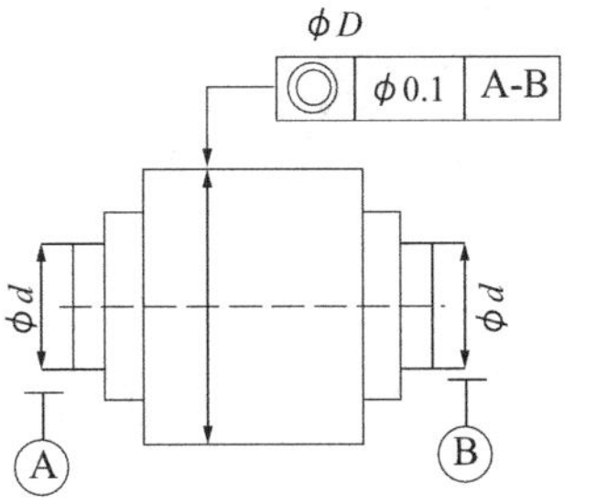 | 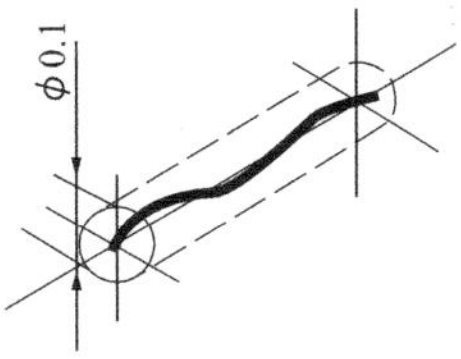 A-B公共基准轴线 | $\phi d$ 的轴线必须位于直径为 $\phi 0.1mm$，且与公共基准轴线 A-B 同轴的圆柱面内。公共基准轴线为 A 与 B 两段实际轴线所共有的理想轴线，按最小条件确定 |

| 序号 | 项目 | 图样标注 | 公差带 | 说 明 |
|---|---|---|---|---|
| 2 | 对称度 | | 基准中心平面 | 槽的中心平面必须位于距离为 0.1mm，且相对基准中心平面对称配置的两平行平面之间（上下各 0.05mm） |
| 3 | 位置度 | | | 4 个 $\phi d$ 孔的轴线必须分别位于直径为 $\phi t$，且以理想位置为轴线的四个圆柱面内。4 孔为一组孔，其理想轴线形成几何图框。几何图框在零件上的位置，由理论正确尺寸相对于基准 A、B、C 确定 |
| 4 | | | | 4 个 $\phi d$ 孔的轴线必须分别位于直径为 $\phi 0.05mm$，且以理想位置为轴线的 4 个圆柱面内。其 4 孔组的几何图框可在其定位尺寸（$L_1$ 和 $L_2$）的公差带（$\pm \Delta L_1$ 和 $\pm \Delta L_2$）内作上下及左右的平移、转动及倾斜。 |

跳动公差示例，见表 4-8。

**跳动公差示例** 表 4-8

| 序号 | 项目 | 图样标注 | 公差带 | 说 明 |
|---|---|---|---|---|
| 1 | 径向圆跳动 | | 基准轴线 测量平面 | （垂直于基准轴线的任一测量平面内，圆心在基准轴线上的半径差为公差值 0.05mm 的两同心圆），$\phi d$ 圆柱面绕基准轴线作无轴向移动回转时，在任一测量平面内的径向跳动量（指示表测得的最大与最小读数之差）均不得大于 0.05mm |

续表

| 序号 | 项目 | 图样标注 | 公差带 | 说　明 |
|------|------|----------|--------|--------|
| 2 | 端面圆跳动 | | | （与基准轴线同轴的任一直径位置的测量圆柱面上，沿母线方向宽度为公差值0.05mm的圆柱面），被测零件绕基准轴线作无轴向移动的回转时，在端面上任一测量直径$dr$（$0<dr<d$）处的轴向跳动量均不得大于0.05mm |
| 3 | 斜向圆跳动 | | | （与基准轴线同轴且母线垂直于被测表面的任一测量圆锥面上沿母线方向宽度为公差值0.05的圆锥面），圆锥表面绕基准轴线作无轴向移动的回转时，在任一测量圆锥面上的跳动量均不得大于0.05mm |
| 4 | 径向全跳动 | （流量示意图） | | （半径差为公差值0.05mm且与基准轴线同轴的两同轴圆柱面）$\phi d$表面绕基准轴线无轴向移动的连续回转，同时指示表平行于基准轴线方向作直线移动。在整个$\phi d$表面上跳动量不得大于0.05mm |
| 5 | 端面全跳动 | | | （垂直于基准轴线，距离为公差值0.03mm的两平行平面）被测零件绕基准轴线作无轴向移动的连续回转，同时指示表沿表面垂直轴线的方向移动，在整个端面上的跳动量不得大于0.03mm |

7. 表面粗糙度

（1）表面粗糙度的概念

表面粗糙度是一种微观几何形状误差，是指零件加工表面上具有较小间距和峰谷所组成的微观几何形状特性，评定表面粗糙度参值的大小，直接影响零件的配合性质，如疲劳强度、耐磨性、抗腐蚀性，以及密封性。

其误差随机性很强，一般用标准规定的评定参数来检测评定结果，对光洁度不高的表面，生产中常用粗糙度样板和被检表面进行比较检验，而且具体参数值则需各种仪器测量。

表面粗糙度过去称为表面光洁度。国家标准中规定了三个评定表面粗糙度的高度参数：

1）$R_a$：轮廓算术平均偏差；

2）$R_y$：微观不平度十点高度；

3）$R_z$：轮廓最大高度。

一般常用高度参数 $R_a$，在表面粗糙度代号标注时也可以省略 $R_a$。如采用其他两项评定参数时，必须注明 $R_z$ 或 $R_y$。

$R_a$ 一般用电动轮廓仪进行测量。

由于 $R_a$ 的概念较直观，反映轮廓的信息量多，所以应用较为广泛。

$R_a$ 常用参数值范围 $0.025 \sim 6.3 \mu m$。

（2）表面粗糙度符号及其意义

表面粗糙度

$\overset{3.2}{\diagup}$ 表示用加工面，其 $R_a$ 值不得大于 $3.2 \mu m$，由于推荐优先使用参数 $R_a$，故"$R_a$"不注出。这是最常用的符号。

$\overset{6.3}{\underset{3.2}{\diagup}}$ 表示用加工面，其 $R_a$ 值必须在 $3.2 \sim 6.3 \mu m$ 之间，一般很少用这样的标注。一般只规定最大的允许值。

$\overset{1.6}{\diagdown}$ 表示用不去除材料方法获得的表面，即非加工表面，如铸锻表面等，其 $R_a$ 值不大于 $1.6 \mu m$。

$\overset{25}{\diagup}$ 用任何方法获得的表面，$R_a$ 值不得大于 25。

表面粗糙度代（符）号法（表 4-9）

表面粗糙度代（符）号法      表 4-9

| 符　号 | 意义及说明 |
| --- | --- |
| ∨ | 基本符号，表示表面可以用任何方法获得。当不加注粗糙度参数值或有关说明（例如：表面处理、局部热处理状况等）时，仅适用于简化代号标注 |
| ∨ | 基本符号加一短划，表示表面是用去除材料的方法获得。例如：车、铣、钻、磨、剪切、抛光、腐蚀、点火花加工、气割等 |

续表

| 符　号 | 意义及说明 |
|---|---|
|  | 基本符号加一小圈，表示表面是用不去除材料的方法获得。例如：铸、锻、冲压变形、热轧、冷轧、粉末冶金等。<br>或者是用于保持原供应状况的表面（包括保持上道工序的状况） |
|  | 在上述三个符号的长边上均可加一横线，用于标注有关参数和说明 |
|  | 在上述三个符号上均可加一小圈，表示所有表面具有相同的表面粗糙度要求 |

（3）表面粗糙度标注

1）表面粗糙度代（符）号应注在图样的轮廓线、尺寸界限或其延长线上，必要时可注在指引线上。符号的尖端必须从材料外指向该表面。

2）在同一图样上，每一表面一般只标注一次代号或符号。为便于看图，一般标注在有关尺寸附近。

3）当零件的所有表面具有相同的表面粗糙度时，可在图样的右上角统一标注，如图4-8所示。

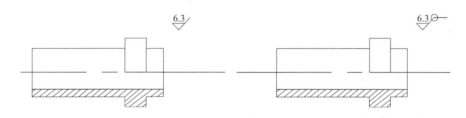

图4-8　表面粗糙度相同时标注

4）当零件的大部分表面具有相同的粗糙度要求时，可以将使用最多的一种符号或代号统一标注在图样的右上角，并加注"其余"两字。

5）对于连续表面或重复要素表面，以及用细实线相连的不连续统一表面，只需标注一次粗糙度代号，如图4-9所示。

6）在同一表面上如要求不同的粗糙度时，应用细实线画出两个不同要求部分的分界线，如图4-10所示。

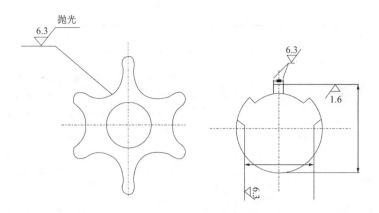

图 4-9  连续表面、重复表面以及细实线相连的不连续统一表面粗糙度标注

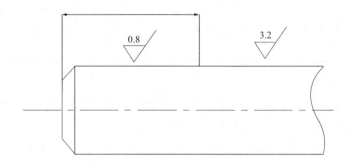

图 4-10  表面粗糙度不同时标注

（4）其他技术要求

零件图中除了对零件制造提出尺寸公差、表面粗糙度、形状和位置公差等技术要求外，还给出了零件的材料、表面硬度以及热处理等方面的要求。

（5）识读零件图的基本步骤

看图的基本步骤是：看标题栏，分析图形，分析尺寸和看技术要求。

1）看标题栏：通过标题栏可以知道零件的名称、比例、材料以及加工方法等。

2）分析图形：先看主视图，再联系其他视图，分析图中剖视、剖面及重要部位等，可以想象出零件的结构形状。

3）分析尺寸：对零件的基本结构了解清楚后，再分析零件的尺寸。首先确定零件各部分结构形状的大小尺寸，再确定各部分结构之间的位置尺寸，最后分析零件的总体尺寸。同时分析零件长、宽、高三个方向的尺寸基准。找出图中的重要尺寸和主要定位尺寸。

4）看技术要求：对图中出现的各项技术要求，如尺寸公差、表面粗糙度、形状和位置公差以及热处理等加工方面的要求，要逐个进行分析和了解。

# 4.3  机械基础的分类

机械的种类繁多，可以按几个不同方面分为各种类别，如：按功能可分为动力机械、物料搬运机械、粉碎机械等；按服务的产业可分为农业机械、矿山机械、纺织机械、包装机械等；按工作原理可分为热力机械、流体机械、仿生机械等。

# 4.4 机械使用与保养

使用：①持证上岗；②严格落实岗位责任制，实行定人定机制度，共用设备应落实维护人员，明确维护责任；③严格交接班制度；④制定设备操作和维护保养规程；⑤使用人员的"四会要求"（会使用、会维护、会检查、会排除故障）；⑥做好机械设备的状态标识；⑦记录设备的运行记录。

预防性维护保养：机械维护保养的主要内容是：清洁、检查、润滑、紧固、调整、防腐、整齐、安全。依据工作量大小、难易程度可划分为三级：日常保养（例行保养）、一级保养和二级保养，一级保养和二级保养属于定期保养。

预见性维护：是指通过对过程监视、设备监视等所得到的数据，预见可能将会发生的设备失效模式而进行的维护活动。

# 4.5 机械故障检修

1. 机械故障

机械故障种类繁多，一般可分为以下几种：

（1）按故障发生速度分类

1）渐发型故障，其特征是故障发生的概率大小与使用时间有关。使用的时间越长，故障发生的概率也越大。这类故障与零件的材料、磨损、腐蚀、疲劳、温度等有密切关系。多数机械故障都属于这种类型；

2）突发型故障，其特征是故障发生具有偶然性，与设备使用时间长短无关。因而这类故障是难以预测的；

3）复合型故障，其特征是故障发生的时间随机不定，与设备使用的时间长短无关；而设备零件的损伤过程的速度是时间的函数。这种故障具有上述两种故障的特征。

（2）按故障的危害程度分类

这种分类的方法很多，有的将故障造成的经济损失、停工时间作为评价标准；有的依据危害性质分为灾难性、使用性和经济性故障。多数企业是采用按故障频繁程度等级、影响程度等级、排除紧急程度三个方面进行综合评定。

此外，除了上述分类之外，还可以按照故障出现时的情况将故障分为已发生的实际故障和未发生的潜在故障，也可以按照故障发生的原因和性质，将故障分为人为故障和自然故障等等。

2. 机械故障检修

依据检修工程量的大小、检修时间间隔长短、检修时间的长短，将检修分成小修中修和大修三种：

（1）小修：针对机械设备使用过程中，出现的问题，为了保证设备的可靠运行而对机械设备进行维护修理的过程叫小修。

（2）中修：由于小修的时间短，无法解决一些需要维修时间较长的设备缺陷和隐患，而这些设备的隐患和缺陷不可能拖到下一次大修时才解决，这样需要在两次大修之间，安排一次或几次中修，其内容为部分解体机械设备，修复或更换磨损较为严重，或者已经损坏的机械配件，由于中修涉及范围较大，涉及内容较多，时间较长，一般用来修复性修理。

（3）大修：为了使设备恢复到最好的状态，完全或接近恢复其完整使用寿命而进行的修理叫做大修，全面彻底的消除零件中存在的隐患以及缺陷，对设备的精度性能和效率进行恢复，力争使其达到原有的水平。

# 5  液化石油气储罐灌装容积计算

## 5.1  容积基本知识

1. 容积

容积是指容器所能容纳物体的体积。单位：固体、气体的容积单位与体积单位相同，而液体的容积单位一般用升（L）、毫升（mL）。

容积和体积是不同的：

（1）含义不同。一种物体有体积，可不一定有容积。

（2）测量方法不同。在计算物体的体积或容积前一般要先测量长、宽、高，求物体的体积是从该物体的外部来测量，而求容积却是从物体的内部来测量。一种既有体积又有容积的封闭物体，它的体积一定大于它的容积。

（3）单位名称不完全相同。体积单位一般用：立方米（$m^3$）、立方分米（$dm^3$）、立方厘米（$cm^3$）；固体的容积单位与体积单位相同，而液体和气体的体积与容积单位一般都用升（L）、毫升（mL）。

2. 计算公式

公式：$V$（长方体）$=abc$（长×宽×高）

$\quad\quad\quad V$（正方体）$=a^3$（棱长×棱长×棱长）

$\quad\quad\quad V$（圆柱）$=Sh$（面积×高）

$\quad\quad\quad V$（圆锥）$=1/3Sh$（1/3面积×高）

## 5.2  灌装容积计算

1. 储罐容积计算（见图 5-1、表 5-1）

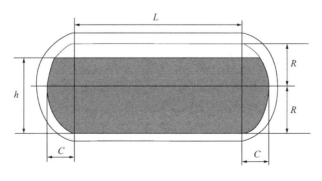

图 5-1  储罐容积计算参数

储罐容积计算                                    表 5-1

| 储罐半径 $R$<br>（m） | 储罐长度 $L$<br>（m） | 液面高度 $h$<br>（m） | 两端椭球<br>封头高度 $C$（m） |
| --- | --- | --- | --- |
| 1.5 | 14.77 | 1.25 | 0.79 |
| 圆柱体体积<br>$V_1$（m³） | 封头总体积<br>$V_2$（m³） | 储罐容积<br>$V$（m³） | |
| 41.17 | 2.8 | 43.97 | |

$$V = V_1 + V_2$$
$$= L \left[ \frac{\pi R^3}{2} - (R-h) \sqrt{2Rh-h^2} - R^2 \arcsin \left(1-\frac{h}{R}\right) \right]$$
$$+ \frac{\pi C}{3R} \left[ 3R^2 h - R^3 + (R-h)^3 \right]$$

根据公式可知，液位高度为 1.25m 时，所装液体体积为 43.97 m³，再依据公式 $m = \rho V$ 可算出对应的质量。

2. 气瓶容积计算

液化石油气钢瓶的型号、容积和最大充装量（表 5-2）

液化石油气钢瓶参数                              表 5-2

| 型　　号 | 钢瓶容积（L） | 最大充装量（kg） |
| --- | --- | --- |
| YSP4.7 | 4.7 | ≤1.9 |
| YSP12 | 12 | ≤5 |
| YSP26.2 | 26.2 | ≤11 |
| YSP35.5 | 35.5 | ≤14.9 |
| YSP118 | 118 | ≤49.5 |

# 6 液化石油气的供应方式

## 6.1 储备气源

1. 气源调运

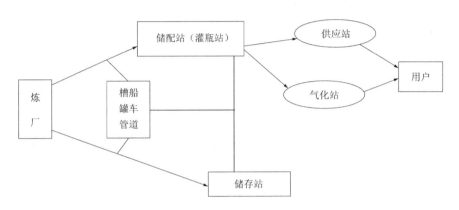

图 6-1 液化石油气流通渠道图

2. 气源配送

气源配送方式：

（1）水路运输：液化石油气槽船（LPG 槽船）。

（2）公路运输：汽车罐车，钢瓶运输。

（3）铁路运输：铁路罐车。

（4）管道运输：液化气管道。

## 6.2 供应方式

1. 供应形式

液化石油气供应形式可分为四种：

（1）瓶装液化石油气供应。这种方式是将液态液化石油气在储配站或灌装站中进行气瓶灌装，然后将其送往液化石油气供应站再配送给用户使用，这种方式目前应用最为广泛。

（2）气态液化石油气管道供应。这种供应方式是将液态液化石油气在气化站内进行气化，然后将气态液化石油气通过管道经调压送给城镇燃气用户使用。

（3）液化石油气混合气管道供应。这种供应方式是将液化石油气与低热值可燃气体混合，形成城镇燃气所要求的掺混气，经调压通过管道供应用户使用。

（4）液化石油气汽车加气。这种供应方式是通过汽车用液化石油气加气站向汽车充装液化石油气作为车用燃料。

2. 供应策略

（1）天然气在城区管网铺设普及率不断提高，这并不代表液化气在民用市场的份额会被天然气全部吞并。由于中国农乡人口比例依然大于城镇，且国家城镇化规划进一步推进和实施需要一定的时间，很多的偏远农村地区天然气管网还无法涉及。因此，液化气在民用气市场方面的发展重心将逐步从城市转向城乡接合部。

（2）餐饮、工业燃气用户安装天然气受燃气管道布局影响，且成本较高，相比较而言，液化气供应门槛较低，优势明显，应大力发展。

（3）逐步以智能角阀钢瓶置换用户自有钢瓶，实现安全稳定供气。

（4）互联网与物联网越来越发达，未来网络购气是发展的必然趋势。

（5）在城市鼓励居民生活、工商业使用管道天然气，在乡村集镇积极推广液化石油气用户。

（6）在城市管网没有铺设到的乡镇，可推广使用管道液化石油气。

# 7 液化石油气库站设备设施故障判断与检修

## 7.1 常用设备故障现象、产生原因及排除方法

1. 压缩机

压缩机分活塞压缩机、螺杆压缩机、离心压缩机、直线压缩机等。

活塞压缩机一般由壳体、电动机、缸体、活塞、控制设备（启动器和热保护器）及冷却系统组成。冷却方式有油冷却、风冷却和自然冷却三种。

直线压缩机没有轴，没有缸体、密封和散热结构。

压缩机是将低压气体提升为高压气体的一种从动的流体机械，是制冷系统的心脏。它从吸气管吸入低温低压的制冷剂气体，通过电机运转带动活塞对其进行压缩后，向排气管排出高温高压的制冷剂气体，为制冷循环提供动力，从而实现压缩→冷凝（放热）→膨胀→蒸发（吸热）的制冷循环。

压缩机故障分析与处理 表 7-1

| 序号 | 故障现象 | 原因分析 | 处理方法 |
|---|---|---|---|
| 1 | 无压差 | 电机转向不明 | 核对电机转向 |
| | | 叶片滑不出来 | 缓慢关闭旁通阀仍不升压，则拆卸泵检查叶片是否卡死 |
| | | 过滤器堵塞 | 清洗过滤器 |
| 2 | 压差不到 0.5MPa | 传动带过松 | 调整带松紧度或更换新带 |
| | | 机械密封泄漏 | 修理或更换机械密封 |
| | | 安全回流阀定压过低 | 按规定调整安全回流阀的开启压力 |
| | | 泵内部泄压过大 | 检修或更换磨损的叶子、转子、内套或侧板 |
| 3 | 震动和噪声过大 | 泵内有气 | 排气 |
| | | 轴承磨损 | 更换 |
| | | 内套磨损过大 | 更换 |
| | | 安全回流阀或出口阀损坏 | 更换 |
| 4 | 密封装置泄漏 | 泵内有气 | 排气 |
| | | 轴承损坏 | 更换 |
| | | 装配不当 | 检查密封表面有无碰伤，防转销是否过长，各配合间隙是否正确 |

## 2. 烃泵（叶片泵）

叶片泵常见故障分析与处理                                   表 7-2

| 故障现象 | 可能的原因 | 排除的方法 |
|---|---|---|
| 排气温度异常升高或进气压力表异常低 | 1. 过滤器堵塞<br>2. 入口阀门未全开<br>3. 入口管线有堵塞<br>4. 四通阀手柄位置不对<br>5. 气阀阀片卡死或损坏<br>6. 润滑油不足 | 1. 清洗过滤网<br>2. 打开<br>3. 清除<br>4. 纠正<br>5. 检查、清洗、更换<br>6. 转动飞轮检查、加油 |
| 进气压力表指示零位，没有气体输出 | 气液分离器内进液，浮子上升，关闭了切断阀，压缩机进气通道被切断 | 1. 关闭进气管线上的阀门<br>2. 打开排液阀，排液<br>3. 关闭排液阀<br>4. 缓缓开启进气管线上的阀门<br>5. 重新开车 |
| 排气量不足，输送缓慢 | 1. 气阀阀片卡死或损坏<br>2. 活塞环磨损<br>3. 过滤器堵塞<br>4. 三角皮带太松<br>5. 管线泄漏或堵塞<br>6. 两位四通阀内漏 | 1. 检查、清洗、更换<br>2. 更换<br>3. 清洗过滤网<br>4. 调整<br>5. 检查、修复<br>6. 更换 O 型圈或修理 |
| 异常声响 | 1. 润滑油不足<br>2. 内部机构松动<br>3. 连杆大小头瓦磨损 | 1. 停车、转动飞轮检查、加油<br>2. 停车、仔细检查、修复<br>3. 更换 |
| 活塞环不正常磨损 | 1. 阀片或弹簧损坏<br>2. 过滤网损坏<br>3. 管线内部太脏，过滤网堵塞 | 1. 检查、清洗、更换<br>2. 更换<br>3. 检查、清除或清洗滤网 |
| 漏油 | 1. 油封损坏<br>2. 密封垫损坏<br>3. 螺栓松动 | 1. 更换<br>2. 更换<br>3. 拧紧 |
| 异常漏气 | 1. 填料磨损或装配不正确<br>2. 填料弹簧损坏<br>3. 密封垫损坏<br>4. 螺栓松动 | 1. 更换或重装<br>2. 更换<br>3. 更换<br>4. 拧紧 |
| 压力表指示异常 | 1. 压力表损坏<br>2. 阀片或弹簧损坏<br>3. 进液<br>4. 管线堵塞 | 1. 更换<br>2. 清洗、更换<br>3. 排除<br>4. 清除 |
| 异常振动 | 1. 三角皮带太松<br>2. 内部机构松动<br>3. 底座松动<br>4. 基础不平 | 1. 调整<br>2. 停车、检查修复<br>3. 紧固<br>4. 垫实、灌浆 |

## 3. 电子灌装秤

电子灌装秤常见故障分析与处理　　　　　　　　表 7-3

| 故障现象 | 原因分析 | 处理方法 |
|---|---|---|
| 全部电子秤均开机无显示 | 控制电子秤的电源端有问题 | 检查电子秤总电源端是否有电 |
| 单台电子秤开机无显示，也无开关机瞬间蜂鸣器响声 | 1. 电子秤电源开关触点接触不良<br>2. 防爆头内线路板上保险管熔断<br>3. 防爆头内电源模块无输出电压<br>4. 线路板本身的问题 | 1. 将电子秤电源开关反复开关几次，查看是否开关触点接触不良<br>2. 拆下防爆头盖板检查保险管是否熔断<br>3. 拆下防爆头盖板然后打开电源开关，用万用表测试电源模块输出电压<br>4. 线路板本身的问题，换新线路板 |
| 开机后显示"FFFFFF"或"000000" | "灌装"或"功能"按钮，常开触点短路，或插头连线短路（电磁式按钮开关较常见） | 检查"灌装"、"功能"按钮及连线是否短路 |
| 蜂鸣器不响 | 秤体箱内蜂鸣器连接插头松动或蜂鸣器坏 | 检查蜂鸣器连线插头是否接触良好，或换新蜂鸣器 |
| 电子秤不准，出现大于 0.05kg 的误差 | 电子秤经过一段时间使用，传感器零点发生漂移 | 用一定数量的标准砝码校准电子秤 |
| 电子秤不出气 | 1. 管道阀门没打开<br>2. 电磁阀不动作<br>3. 充气枪开关拧过位<br>4. 充气枪内垫脱落堵住出气孔 | 1. 检查管道阀门是否打开<br>2. 检查固态继电器和电磁阀是否工作正常<br>3. 检查充气枪开关限位螺丝是否松动，确定开关准确位置<br>4. 检查充气枪是否完好 |
| 电磁阀关不住 | 1. 电磁阀体内有异物、关闭不严<br>2. 电磁膜片口损坏或泄压孔堵塞 | 1. 检查阀体内是否有杂物<br>2. 检查阀内膜片是否损坏，膜片上排气孔是否堵塞 |
| 少量的超装或欠装 | 1. 线路板上程序芯片有问题<br>2. 气站充装压力过大（大于 1.3MPa）或震动厉害<br>3. 电磁阀关闭不严 | 1. 换程序芯片<br>2. 调整灌装压力，最好保持在 7~10kg 左右<br>3. 检查电磁阀体中是否有异物 |
| 数据收不到 | 芯片有问题 | 更换 184 芯片，137 芯片 |

续表

| 故障现象 | 原因分析 | 处理方法 |
|---|---|---|
| 开机黑屏，无显示 | | 1. 检查电源输入电压是否 220V 正常<br>2. 检查电源上的保险是否烧断。更换保险管<br>3. 检查电路板上的电源模块输出电压（15V/5V）是否正常。更换 15V 电源模块<br>4. (D4) PSD 接触不良或损坏造成黑屏，更换 PSD |
| 到量不停阀，电流声音大 | 电磁阀故障 | 1. 检查电磁阀阀芯是否卡死，阀模是否有破损，阀内是否有杂质，模片是否装反，电磁阀进气端"IN"、出气端"OUT"是否方向装反<br>2. 电磁阀阀柱内短路环是否完好，如掉下来则更换电磁阀维修包 |
| 黑屏、主板上的指示灯不亮，烧保险管 | | 检查保险管，如没有则更换保险管。用万用表测输出是否有 18V 的电压，如没有则更换模块 |

# 7.2 设备故障诊断技术

1. 状态监测

状态监测是掌握机器设备使用状态的技术。它是用人工或专门的检测仪器，对设备规定的监测点进行间断地或连续地状态参数的检测，并把它与所允许的极限值进行比较，以确定设备的优劣化程度和继续运行时间。

燃气设备状态监测实例见表 7-4 。

**燃气设备状态监测实例**　　　　　　　　　表 7-4

| 类别 | 检测项目 | 目的 | 使用仪器或检测方法 |
|---|---|---|---|
| 容器 | 壁厚测定 | 壁厚减薄检测 | 超声波测厚仪等 |
| | 热图像测定 | 泄漏、保温、绝热 | 红外线照相仪等 |
| | 热流测量 | 散热检查 | 热流计等 |
| | 焊缝检测 | 裂纹、气孔等内部缺陷检测 | 超声波、渗透、声发射探伤、射线透视等 |
| | 腐蚀率测量 | 腐蚀状况检查 | 腐蚀测量仪、成分分析仪等 |

续表

| 类别 | 检测项目 | 目的 | 使用仪器或检测方法 |
|---|---|---|---|
| 转动机械 | 振动、噪声测量 | 故障检查 | 振动测量仪、噪声检测仪等 |
| | 转速、温度测量 | 不正常状况检查 | 测速仪、测温仪等 |
| | 电流、电压测量 | 不正常状况检查 | 万用表等 |
| | 输出功率、压力测量 | 性能检测 | 功率输出检测仪、压力表等 |
| | 润滑、密封检测 | 润滑系统和密封检查 | 油压计、检漏仪等 |
| 管道及附属设备 | 热流、热图像、表面温度、泄漏检测 | 泄漏检查、保温性能及散热检查 | 红外热像仪、地探仪、测漏仪、热流计等 |
| | 内外表面腐蚀及防腐层检测 | 泄漏、防腐层漏铁点检查 | 地探仪、管道检漏仪、声脉冲检漏仪等 |
| | 法兰泄漏检测 | 泄漏检查 | 可燃气体检测仪等 |
| | 阀门内漏检测 | 内漏检测 | 内窥镜、压力表等 |
| | 焊缝检测 | 内部缺陷检查 | 超声波、渗透探伤、射线透视等 |
| | 壁厚测量 | 壁厚减薄检测 | 超声波测厚仪等 |

2. 故障诊断

设备故障诊断可分为以下四类

（1）初期诊断是设备制造时的检测，看是否达到规范规定、技术文件规定和出厂检验标准要求。

（2）定期诊断是以预防为目的的事前诊断。如对重要设备和关键部位进行自动连续地状态监测、定期停车检查、压力容器的定期检验等。

（3）异常诊断是当设备发生异常时，为弄清异常状态的部位、程度和原因所采取的检测技术措施。

（4）故障诊断是事后诊断。重点是查明设备故障的原因、程度及发展趋势，并作出对策，决定治理和维修措施，提出改进方案。

设备故障诊断技术分简易诊断和精密诊断。简易诊断是为了迅速而概括地掌握设备目前的状态参数是否在允许值范围内及劣化趋势，所用仪器一般为便携式检测仪器。精密诊断是最终诊断，其目的是通过检测和数据处理分析，最终确定设备发生异常的原因、部位、程度及发展趋势，并决定应采取的治理措施。

3. 故障诊断技术简介

（1）振动监测技术

（2）噪声监测技术

（3）红外热成像技术

（4）油液分析技术

（5）无损检测技术（射线探伤 RT，超声探伤 UT，磁粉探伤 MT，渗透探伤 PT 等）

## 7.3　液化石油气库站的安全检修

1. 液化石油气库站生产装置检修

检修分类：

（1）日常维修：是生产装置在运行过程中，通过备用设备的更替，来实现对故障设备的维修。

（2）计划检修：是根据设备的管理、使用经验和生产规律。按计划进行的检修（包括小修、中修和大修）。

（3）计划外检修：是指在生产过程中，设备突然发生故障或事故，必须进行不停车或停车的检修。

液化石油气库站生产装置检修具有频繁、复杂、危险性大等特点，因此检修时必须确保安全，防止各种事故的发生，而且还要确保检修的工作质量并按时完成。

2. 安全检修的管理

（1）组织管理：安全检修时应成立检修组织机构。

（2）检修计划的制定：包括制定检修方案并绘出检修计划图，便于对检修工作的管理。

（3）安全教育：对全体检修人员进行安全教育。

（4）检修过程的安全检查：包括检修项目的安全技术措施的检查；检修机具、设备及材料的检查；现场巡回检查。

3. 检修作业

凡涉及液化气工艺装置的检修作业都必须实行作业许可制度，并采取相应的安全预防措施，检修作业许可包括：工作许可、动火作业、高处作业、进入限制空间等。

4. 液化气管道技术改造与接线（管）

（1）液化气管道技术改造的基本要求

1）系统置换：管道系统停车后，首先应将管道降压至大气压力，然后按置换方案进行置换；

2）用盲板将待施工管道与正常工作管道及设备完全隔开；

3）管道清洗与吹扫：管道清洗与吹扫一般采用蒸汽或惰性气体；

4）气体取样分析；

5）改造前要有完善的改造施工方案并经过审查批准。

（2）液化气管道改造技术要求

管道改造前要制定详尽的技术改造施工方案：包括施工平面布置图、施工组织、施工方法、施工进度、安全技术措施等；施工方案必须严格遵守国家相关标准、规范。

（3）改造工程验收：改造工程施工质量必须经过自检、互检、工序交换检查和专业检验。不符合质量技术标准要求的，必须进行整改，直至检验合格。改造完工的应按管道安装竣工资料的内容要求，交接验收资料。

（4）管道改造工程投运：管道改造工程投运主要是做好投运前的准备与管道置换工作，当管道置换合格，管道系统中已充满燃气后，方可投入运行。

（5）接线（管）方法：常用停气置换接管法，这种方法是将需要接管的局部管网全部停止运行，然后用安全气体置换燃气，将燃气置换完毕后，从管内取样检测，在确认安全的情况下，进行接管作业，要特别注意各种"盲肠"部位的置换情况，以便安全施工。

# 8 液化石油气库站规章制度与操作规程

## 8.1 气站管理规章制度

液化石油气站的安全管理机构是确保液化石油气安全生产的护卫体系。各液化石油气站（公司）都应根据《中华人民共和国安全生产法》的要求，建立健全安全机构，牢固树立"安全第一，预防为主，综合治理"的工作方针，认真落实各项安全管理制度，做到层层有人抓安全，人人工作保安全，真正使液化石油气站的运营处于安全氛围之中。

1. 安全管理机构

（1）安全管理机构：液化石油气站的安全管理机构如图 8-1 所示。

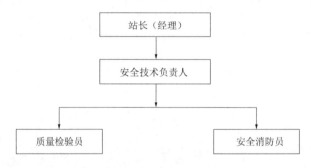

图 8-1　液化石油气站安全管理机构

（2）液化石油气站要实行站长（经理）安全负责制，并配备一名熟悉液化石油气知识的中级职称技术人员，协助站长全面负责液化石油气站的安全、技术管理工作。

液化石油气站设专职安全管理部门，其主要职责是：贯彻国家有关安全工作的管理法规，制定本单位安全工作规定，监督检查安全工作计划的落实执行情况，协调本单位的安全技术活动，按规定向上级报告安全工作情况。

2. 液化石油气站安全管理的任务

液化石油气站安全管理的任务如下：

（1）制定各岗位和设备的安全操作规程及相应的岗位责任制、交接班制、安全防火和巡回检查等各项安全管理制度，并监督制度的落实和实施。

（2）建立运转设备、压力容器等设备的技术档案。及时如实地填写各岗位原始运行和装卸作业等操作记录，并归纳存档。

（3）组织落实设备的技术检验和维修计划，对锅炉、压力容器等特殊设备，及时按规定向当地有关部门提报检验申请计划，严禁设备带故障或超检验期使用。

（4）定期对静电接地、防雷设施、安全阀、温度计、压力表、液位计和计量衡器等装置进行检查维修和测试，并将检查测试结果记录归档。

（5）采取有效措施，加强生产区内的明火管理，严格禁止将火种带入生产区内。对维修、扩建、改造需要发生的动火，按动火手续的要求和规定，进行分析、审批和监护。

（6）做好对液化石油气渗漏的监控和检测工作，及时有效地消除各"跑、冒、滴、漏"现象和生产中出现的异常情况。建立突发事故的抢险、抢修预案，并报燃气行政主管部门。

（7）做好对全站职工的安全教育和培训工作，并定期对操作人员进行考核。

（8）组织对扩建、改建和大修理方案的安全技术审查与验收工作，若遇事故发生，除积极组织抢救和扑灭工作外，还要保护好事故现场，及时逐级上报，并积极协助相关部门对事故的调查。

## 8.2 安全管理制度

液化石油气站的主要安全管理制度及内容。

1. 液化石油气站入站安全规定

（1）液化石油气站工作人员、车辆必须持有效证件进出站区。

（2）非本站工作人员禁止进入生产区内。确因工作需要进入生产区时，需经站长（经理）批准，并经相应的安全培训后，在专人陪同下，方可进入生产作业区。

（3）进入生产区的任何人员必须接受安全检查，禁止携带一切火种（火柴、打火机、手机等），且应严格遵守液化石油气站安全管理规定。

（4）进站作业的危险品运输车辆必须接受门卫人员检查；驾驶员、押运员必须主动出示交通和质量技术监督部门核发的各种有效证件；车载灭火器材及防静电接地等设施应齐全完好，排烟管应佩戴好防火罩，并进行登记，方可进入生产作业区。无有效证件或证件不全的，不准进站。

（5）进站车辆要依次行驶和停放，服从站内安全人员管理。

（6）出站人员、车辆携带货物时，须持有液化石油气站负责人签署的"出门条"或"出货单"，经门卫人员检查核对无误后方可出站。

（7）门卫及安全检查人员应坚守工作岗位，认真做好对进出站人员和车辆的检查登记工作，如实记录本站进出检查情况，不得擅离职守或从事与本职工作无关的事情。

2. 储罐区安全管理制度

（1）储罐区是气站内的生产作业场所，是易燃易爆的要害部位和重点安全监控对象，非操作人员未经批准严禁进入。

（2）储罐区严禁烟火，进入罐区的人员不得携带火种（如火柴、打火机、手机等），不得穿带钉鞋及化纤衣服。

（3）储罐区不得堆放任何易燃易爆物品。

（4）操作人员严格遵守安全操作规程，严禁违章作业；非操作人员不得随意动用设备和附件。

（5）罐区操作人员应经专门技术培训，熟悉设备的构造、性能、使用要求、操作方法，会维护保养，经考试合格，持证上岗。

（6）储罐区内，严禁随意排空或放散液化气，确因工艺需要排空或放散时，应经液化石油气站领导同意，并制定安全技术措施，确保安全。

（7）储罐区内的设备、管道及阀门、安全阀、压力表、温度计等附件要经常检查和保养，保证完好，防止泄漏。

（8）储罐区内的消防设施和器材，不得随意挪动，应有专人负责维护保养，保证齐全、完好、有效。

（9）储罐区必须要定期巡查，并认真做好巡查记录。发现安全隐患，必须及时排除，一时无法排除的，应及时报告液化石油气站领导或上级主管部门。

（10）储罐区生产装置检修时，操作人员应在场配合，装置检修后应由操作人员、安全技术管理人员验收合格，并履行签字手续。

（11）储罐区检修作业前，必须按规定办理许可证（如：动火证、进入限制空间作业证等），检修过程中始终要有安全管理人员监护。

（12）储罐区的监视系统、工艺参数传输系统、紧急切断系统、可燃气体报警装置以及防雷防静电设施必须保持完好。

（13）按规定要求控制储存量，严禁超量、超压和超温储存，一旦发现储罐超量、超压和超温，应立即采取倒罐、降压或降温措施，及时处理，防止意外发生。

（14）储罐出现假液位时，要认真查找原因，对液位计失灵的储罐只准出液，不准进液。

**3. 液化气装卸区安全管理制度**

液化气装卸区包括罐车装卸作业和气瓶灌装作业，其安全管理除应遵守《储罐区安全管理制度》1～12项规定外，还应遵守以下规定：

（1）装卸作业前，必须对罐车或气瓶进行认真检查，不符合装卸规定的，拒绝装卸。

（2）严格按灌装标准灌装，严禁超装，灌装后，必须对灌装量进行复验，发现超装应及时处理。

（3）车辆停靠和驶离装卸台（柱）时，必须进行安全检查和确认，按规定做足安全防护措施，并听从站内人员指挥。

（4）灌瓶间按规定数量存放液化石油气气瓶，且实瓶与空瓶应分区存放，并留有灭火通道及操作空间。

**4. 液化气机泵房安全管理制度**

液化气机泵房安全管理除应遵守《储罐区安全管理制度》1～12项规定外，还应遵守以下规定：

（1）机泵房应保持通风良好，并保持室内清洁卫生。

（2）设备运行期间，操作人员要定期巡查设备运行情况，巡查时间间隔不宜多于1h，发现异常应立即停车检查，及时排除故障，防止设备带病运行，并认真做好设备运行记录。

（3）机泵房内的管道系统及辅助设施要保持完好和清洁，定期进行维护保养，防止泄漏。电器设备设施必须符合防爆要求。

（4）工作结束后，应及时关闭电源和管道阀门，确认无异常情况，方可离开。

**5. 站内交通安全管理制度**

（1）车辆进入液化石油气站，行驶时速不得超过5km/h。

（2）车辆进入液化石油气站，应听从液化石油气站安全管理人员的指挥，按指定路线行驶，并按指定的位置停泊。

（3）车辆停稳后，应拉手刹，并采取防滑动固定措施。

（4）离开时，应遵守指定路线和规定要求，安全行驶。

6. 站内用电管理制度

（1）站内生产作业场所的配电设施必须按爆炸危险场所等级、工艺特点和使用条件，合理选择电气设备和器材，并符合防爆要求。

（2）设备及电路检修时必须先断电，并挂牌警示。

（3）电源电压必须与电气设备参数相符。具体如下：

①用电设备应按规定进行接地、接零，同时应按规定安装漏电保护开关，防止漏电发生意外。

②应定期检查电气设备的绝缘电阻是否符合规定。

③电气设备如因漏电失火，要先切断电源，然后用二氧化碳（或干粉）灭火器进行扑救，严禁用水浇，以免发生触电危险。

④在发生人身触电事故时，要先切断电源，后进行抢救。未切断电源前，严禁触及触电者，以免发生连续触电事故。

⑤若停电，在使用自备发电机发电时，必须先断开电网连通开关，确认符合安全规定后，才能启动柴油发电机，并调节到规定的电压，方可送电作业。

⑥临时用电必须办理审批手续。

7. 消防安全管理制度

（1）为认真贯彻落实《中华人民共和国消防法》和国家的有关安全生产法规规定，根据本单位工作特点和实际情况，制定消防安全管理制度。

（2）消防安全工作贯彻"预防为主、防消结合"的方针，实行消防安全责任制。站长（经理）为单位安全生产的第一责任人，各车间、班组负责人为相应部门、岗位安全生产的责任人。安全消防员协助站长做好全站的消防安全管理工作，并具体负责日常的消防安全工作。

（3）消防安全员和从事液化石油气操作的人员要经消防安全培训，并取得公安消防机构颁发的合格证后，方准上岗作业。消防安全员应结合本站具体情况和上级的有关规定，每年对全站人员进行不少于4次安全消防和知识培训教育，并将考核情况记入职工个人技术档案。

（4）本单位建立由站长和消防安全员分别任正队长、副队长，以及有关职工组成的义务消防队。消防安全员要针对本单位特点，编制灭火和应急疏散预案，每年要组织义务消防队进行两次消防灭火演练。

（5）站内所有的消防设施、器材和安全装置，均应按国家有关规定配备齐全，并应选用符合国家或行业标准的器材和设施，装置在便于使用的指定位置。值班巡查员在每日安全巡查中，应将对消防设施器材的检查和防火检查作为一项主要的内容。

（6）消防安全员要会同有关人员定期做好消防设施和器材检验与维护保养工作，确保其完好、有效。严禁擅自挪用、拆除、停用消防设施和器材，不得埋压灭火栓，不得占用防火间距和消防通道。

（7）站内应在醒目的位置设立"进站须知"、"严禁烟火"和"危险场所，闲人免进"等消防安全标志。严禁携火种或穿戴化纤衣物和带钉鞋进入生产区内。因特殊情况确需动用明火作业时，要事先按规定程序办理动火许可审批手续，并严格履行科学的隔离、置换和分析化验方法，做好动火准备工作。动火现场要有监护人，动火作业结束后要及时将动火设备撤离生产区。

(8) 当站内出现火灾时，现场工作人员中最高职务者要担负起领导责任，立即组织力量扑救火灾，疏散无关人员、车辆和气瓶，任何人都有拨打"119"电话报告火警的义务。火灾扑灭后，要保护好现场，接受事故调查。

8. 安全教育制度

(1) 三级安全教育制度

新入职员工（包括新工人、培训与实习人员、外单位调入人员等）按规定必须进行厂（公司）、车间（气站）、班组（工段）三级安全教育。

厂级安全教育（一级）内容包括：国家有关安全生产法律、法规和规定及企业安全安全管理制度；安全生产重要意义与一般安全知识；本单位安全生产特点；重大事故案例；厂纪厂规及入职后的安全职责，安全注意事项；职业安全卫生有关知识。经考试合格方可分配到车间。

车间安全教育（二级）内容包括：学习行业标准与规范；车间生产特点与工艺流程，主要设备的性能；安全技术规程和安全管理制度；主要危险和危害因素，事故教训；预防事故及职业危害的主要措施；事故应急处理措施等。

班组安全教育（三级）内容包括：本岗位的特点和安全注意事项；本岗位责任制和安全操作规程；各种机具设备及其安全防护设施的性能和作用；主要设备的原理及注意事项；个人防护用品使用；消防器材的使用方法；发现紧急情况时的急救措施及报告方法。

(2) 日常安全教育

1) 各级安全生产责任人和管理人员要对职工进行经常性企业文化、安全技术和遵章守纪教育，增强职工的安全意识和法制观念。

2) 应定期举办安全学习培训和宣传活动。

3) 组织好安全生产日活动。

4) 班组应坚持班前、班后安全教育。

5) 有计划地对职工进行自我保护意识教育。

6) 装置大修及重大危险性作业时，指导检修单位进行检修前的安全教育等。

(3) 特种作业上岗教育

1) 特种作业人员必须经上级主管部门培训，考试合格后持证上岗。未取得合格证的，禁止从事特种作业。

2) 对于已持证的特殊工种，严格按主管部门的要求和规定，定期参加主管部门组织的再教育培训学习、复审，复审合格的方能继续上岗。

3) 在新工艺、新技术、新设备、新材料的投产使用前，要按新的安全技术规程，对在岗作业人员和有关人员进行专门教育。

4) 技术部应建立特种作业人员台账，资格证书和定期复审记录统一归档。

(4) 用气安全宣传教育制度

1) 宣传教育的内容：液化气的基本知识、安全使用常识、燃气具操作方法、安全防火知识等。

2）宣传教育的形式：制定用户安全用气手册；利用报纸、电视等媒体；到居民区开展宣传活动；建立客户服务热线等。

9. 钢瓶充装管理制度

（1）为加强钢瓶充装的检查管理，杜绝不合格钢瓶充装和钢瓶超装，特制定钢瓶充装管理制度。

（2）凡需充装液化石油气的钢瓶，实行灌前检查、充灌过程检查和灌后复检责任制。检查员和充装员应严格把关，并做好检查记录和充装记录等。

（3）钢瓶充装前，由质量检查员逐瓶进行检查登记，凡属于下列情况之一的，不得进行充装。

1）无制造许可证单位制造的钢瓶和未经安全监察机构批准认可的进口钢瓶，以及经检验单位判定报废的钢瓶。

2）钢瓶钢印标志、颜色标记不符合液化石油气钢瓶规定及无法判定瓶内气体的。

3）用户自行改装或涂覆漆色的钢瓶。

4）瓶内无剩余压力的。

5）瓶内附件不全、损坏或不符合规定的。

6）超过检验周期的钢瓶。

7）经外观检查，存在明显损伤，需进一步进行检查的钢瓶。

8）首次充装的钢瓶，事先未经置换和抽真空的。

（4）对经检查不予充装的钢瓶，检查员要及时通知用户作相应处理。需抽真空或抽残液的钢瓶，先进行抽空、抽残液处理。符合充装条件的钢瓶，质量检查员做空瓶称重和核定充装量，并填好检查登记表后，将钢瓶转送充装岗位。

（5）充装岗位的待装瓶应按不同质量、型号分类存放，并与已装瓶用标志区分分开放置。充装员要按该钢瓶核定的充装量和充装操作规程认真进行充装操作，如实填写充装记录，严禁过量充装。

（6）充装计量衡器要设有超装警报和自动切断气源的装置。称重衡器的最大称量值应为常用称量的 1.5～3.0 倍。

（7）充灌过程中，充装员随时注意对充装钢瓶的角阀、瓶底、焊缝等部位的检查。若发现钢瓶出现泄漏，要立即停止灌装，回收瓶内气体并将钢瓶送修。对超出允许充装量的，要及时将超出量回收。

（8）充装后的钢瓶，由质量检查员逐只进行重量复验称检，复检结果和检查员姓名等内容要如实记录到钢瓶检查登记表中。复检合格的已装瓶，转运工要及时发放给用户或送库存放。

（9）检查员、充装员要坚守工作岗位，严禁外来人员动用充装设备和工具。非充装员、检查员不得从事钢瓶的充装检查工作。

（10）钢瓶检查记录表和钢瓶充装操作记录表每天由站技术负责人收集并存档备查。

10. 生产区巡回检查制度

（1）为加强本单位安全生产的管理，及时发现和排除事故隐患，杜绝违章行为的发生，特制定生产区巡回检查制度。

（2）巡回检查分为站内值班领导组织的每日安全巡查和操作人员对岗位的操作巡查。

站内领导实行轮班制，每日应有一名站领导负责做好当日的安全巡查工作。

(3) 值班领导每 4h 应带领消防员、设备员和维修人员对生产设备、工艺管路的运行状况，操作人员履行岗位职责情况，各安全装置和设施的完好情况等进行一次安全生产和防火巡查，并将巡查结果填入液化石油气站安全巡查记录表中。

(4) 机、泵操作员每 1h 对运转设备的电机温度、电流、声音和机器的温度、声音、压力、液位、油位、油压与振动情况，以及与机器相关的系统设备和附件的运行情况进行一次巡查，巡查结果如实填入机、泵操作记录表中。

(5) 储罐操作人员每 2h 对罐区内储罐的压力、液位、温度和安全装置，及主要操作控制阀门进行一次安全巡查。夏季要根据储罐温度变化，及时开启喷淋冷却装置，冬季要注意排水防冻，并按时填写储罐运行记录表。

(6) 装卸作业过程中，操作人员应按装卸操作规程的规定，做好对装卸罐车的安全巡查，并加强与机、泵和储罐操作人员的联系配合，严防罐车或储罐超装。

(7) 钢瓶充灌作业前，操作人员要对待装瓶、充气枪、计量秤和系统压力进行检查核验，并定期对操作岗位的消防器材进行检查和对已装瓶、待装瓶的清验盘点。

(8) 安全巡查中发现的异常情况和问题，有关人员要及时查明原因，并作出处理。对需要检修的，按有关规定办理，严禁设备和系统带故障使用与运行。

11. 设备仪器管理制度

(1) 为加强设备仪器的购置、使用、维护保养、修理、检验等管理工作，使设备仪器保持完好状态，特制定设备仪器管理制度。

(2) 设备仪器实行站级管理和岗位管理。设备技术员负责全站设备仪器的更新、修理、检验和资料档案的管理，操作人员负责所使用设备仪器的日常管理和维护保养工作。

(3) 站内压缩机、烃泵、自动灌装秤、锅炉、储罐及其他压力容器应建立安全操作规程，其中锅炉和压力容器在投入使用前，应按有关规定向安全监察机构申报并办理使用登记手续。

(4) 操作人员对所操作的设备要做到"四懂、三会"（即懂结构、懂原理、懂性能、懂用途，会使用、会维护保养、会排除故障），严格按操作规程进行设备的启动使用和停车，并按规定做好设备润滑加油、防锈工作，认真落实巡回检查制度，如实填写运行记录。

(5) 操作人员对本岗位的设备、管线、阀门、仪表等装置实行责任制，要保持设备整洁，及时消除跑、冒、滴、漏，并做好防尘、防潮、防冻、防腐蚀工作。维护人员要对设备的修理质量负责，保证检修后设备的完好使用。设备技术员会同安全员每周对设备按"完好、修理、停用"3 个档次进行一次检查评定，每月将 4 次检查结果作为对设备的评定依据挂牌公示。

(6) 站内应每年列出生产设备维修计划。设备技术员要预先提出设备仪器的检修内容和备品配件计划，制定合理的检修定额，严格控制修理费用。

(7) 设备技术员要按规定做好对特种设备定期检验制度的安排和落实。锅炉每年进行一次运行检验，每 2 年进行一次内、外部检验。压力容器安全状况等级为 1~2 级的每 6 年进行一次检验，3 级的每 3 年进行一次检验。安全阀每年至少校验一次；压力表每半年要校验一次；接地装置每年在雷雨季节前检测一次。

(8) 设备仪器应建立技术档案，其内容包括：

①设备、仪器的随机技术文件、产品合格证、监制证书、装箱清单等资料；

②安装施工技术资料和安装检测验收资料文件；

③修理、改造记录及有关技术文件和资料；

④检验、检测报告，以及有关检验的技术文件和资料；

⑤压力表、安全阀、接地电阻等安全附件的校验、修理、更换记录和资料；

⑥有关事故的记录资料和处理报告，以及报废报告资料。

（9）外购设备、仪器（包括备品配件）先由需用班组提出申请，经设备技术员审核、分析，并提出购置的型号参数和数量等具体计划，报站长审批。购置计划经批准后，由有关专业人员按照质优价廉的原则选购。所购进的设备、仪器必须是国家定点企业生产的相应产品，并附有产品合格证和质量证明书，压力容器还需附监检证书。设备仪器到货后，由设备技术员、使用班组、购置经办人和财务人员共同开箱验收，对质量、数量和技术文件不符合要求的，由经办人负责落实。

（10）由于人为过失造成的设备仪器（包括零部件）丢失、报废，按有关规定给予责任者处罚。对需报废和淘汰的设备仪器，按固定资产管理的有关规定，由站长批准后，在设备档案和财务固定资产台账上注销。

12. 汽车罐车使用管理制度

（1）为加强液化石油气汽车罐车的管理，保障其安全使用，根据有关法规的要求和本单位实际，制定汽车罐车使用管理制度。

（2）本单位汽车罐车的使用管理除执行本制度外，还应执行《设备仪器管理制度》的有关规定。

（3）汽车罐车投入使用前，应到有关部门办理液化石油气汽车罐车使用、危险物品准运和汽车罐车行驶牌照等使用登记手续。并将核发的液化石油气汽车罐车使用证、准运证、行车证等证件随车携带。

（4）汽车罐车的驾驶员、押运员需经专业技术培训，考核合格，并取得相应的《汽车罐车准驾证》和《汽车罐车押运员证》后，方可从事汽车罐车的驾驶和行车押运工作。未具有相应资格的不得随意驾驶罐车和承担押运工作。

（5）汽车罐车的驾驶员应按汽车日常检查和保养要求每天对汽车发动机、底盘和运行部分进行一次检查与维护。押运员要对罐体及安全阀、爆破片、压力表、液面计、温度计、紧急切断装置、管接头、人孔、管道阀、导静电装置及灭火器材等附件的性能与完好状况每天进行一次检查维护。发现故障和异常情况要及时查明原因，并予以排除。保证汽车罐车性能完好，同时应保持罐车的清洁卫生和漆色完好。

（6）每次出车前，驾驶员和押运员应按第五条的检查内容对罐车进行全面检查，并带齐各种证件资料和维修工器具。行车中，要做好对罐车和安全附件的经常性检查保养，严禁罐车带故障行驶。

（7）新汽车罐车或经检修后的汽车罐车，在首次充装液化石油气前，必须经抽真空或充氮气置换处理合格，真空度不小于 0.086MPa（含氧量小于 3%），并有处理单位的证明文件，方可进行充液。

（8）汽车罐车返回单位要及时卸液，不得带液入库停放。罐车不得兼作储罐使用，禁止直接向钢瓶灌装。卸液罐车应留有不低于 0.5MPa 的剩余压力。

(9) 遇有雷雨天或附近有明火，周围有易燃易爆介质泄漏，罐体内压力异常或其他不安全的情况时，要立即停止装卸作业，并由作业现场负责人作出相应的处理措施。

(10) 汽车罐车的装卸作业应严格按照操作规程进行操作，严禁罐车或储罐超装。装卸作业完毕后，要及时填写装卸作业记录表。

(11) 汽车罐车行驶中，应遵守交通规则，服从交通管理人员的指挥，并应遵守下列规定：

①按汽车罐车的设计限速行驶，保持与前车距离，严禁违章超车。要按指定时间和路线行驶。

②押运员必须随车押运。

③不准拖带挂车，不得携带其他危险品，严禁其他人员搭乘。

④车上禁止吸烟。

⑤通过隧道、涵洞、立交桥时，必须注意标高并减速行驶。

⑥当罐内液温达到40℃时，应及时采取遮阳或罐外水冷等降温措施。

(12) 汽车罐车途中停放时，应遵守以下规定：

①不得停靠在机关、学校、厂矿、桥梁、仓库和人员稠密等地方。

②途中停车若超过6h，应与当地公安部门联系，按其指定的安全地点停放。

③途中发生故障，若检修时间长或故障程度危及安全时，应将汽车罐车转移到安全地点。

④重新行车前应对全车进行认真检查，遇有异常情况应妥善处理，达到要求后方可行车。

⑤停车时，驾驶员和押运员不得同时离开车辆。

(13) 罐车罐体及其安全附件应按《移动式压力容器安全技术监察规程》的相关规定，定期报送检验机构检验。凡超检验周期未检验的，不应继续使用。

(14) 汽车罐车的外借使用应经本单位主要负责人批准，并由该车驾驶员、押运员随同操作。液化石油气罐车不得用于充装其他介质。

13. 定期检验制度

(1) 压力容器的定期检验

压力容器的定期检验是指在压力容器的设计使用期限内，每隔一段时间依据《压力容器定期检验规则》规定的内容和方法，对其承压部件和安全装置进行检查或做必要的试验，并对它的技术状况作出科学的判断，以确定压力容器能否继续安全使用。到期未检或检验不合格的压力容器禁止使用。

1) 检验周期：

①年度检验：在用压力容器每年至少进行一次外部检验。

②全面检验：是指压力容器停车时的内外部检验，全面检验应当由法定检验机构进行。其检验周期为：安全状况等级为1、2级的，一般每6年检验一次；安全状况等级为3级的，一般每3～6年检验一次；安全状况等级为4级的，监控使用，其检验周期由检验机构确定，累计监控使用时间不得超过3年，在监控使用期间，使用单位应当采取有效的监控措施；安全状况等级为5级的，应当对缺陷进行处理，否则不得继续使用。

③金属压力容器一般于投用后3年内进行首次定期检验。

2）压力容器的年度检验由使用单位进行，使用单位也可委托具有压力容器检验资格的单位进行。

3）压力容器的全面检验应由具有压力容器检验资格的单位进行。

4）使用单位应当在压力容器定期检验有效期届满的 1 个月以前向检验机构申报定期检验。检验机构接到定期检验申报后，应当在定期检验有效期届满前安排检验。

5）压力容器出厂文件、使用登记证及定期检验报告必须建档保存、专人管理。

（2）压力管道的定期检验

1）检验周期

①在线检验：是在运行条件下对在用管道进行的检验，每年至少 1 次（也可称为年度检验）。

②全面检验：是按一定的检验周期在管道停车期间进行的较为全面的检验，液化石油气管道为 GC2 级，检验周期一般不超过 6 年。有下列情况之一的，应当适当缩短检验周期：新投用的 GC2 级的（首次检验周期一般不超过 3 年）；发现应力腐蚀或者严重局部腐蚀的；承受交变荷载，可能导致疲劳失效的；材质产生劣化的；在线检验中发现存在严重问题的；检验人员和使用单位认为需要缩短检验周期的。

2）在线检验由使用单位进行，使用单位从事在线检验的人员应当取得《特种设备作业人员证》，也可委托具有压力容器检验资格的单位进行。

3）压力管道的竣工验收文件、定期检验报告及使用登记证必须建档保存、专人管理。

（3）安全附件定期检验

生产装置上的安全附件包括：安全阀、紧急切断阀、压力表、温度计、液位计等。

1）检验周期安全阀每年至少校验一次；紧急切断阀定期检验原则上随同压力容器或压力管道全面检验同步进行；压力表每半年至少校验一次；温度计每年至少校验一次；液位（液面）计定期检验原则上随同压力容器全面检验同步进行。

2）安全附件定期检验由法定检验机构进行。

3）安全附件定期检验报告必须建档保存，专人管理。

（4）计量衡器的定期检验

1）检验周期：每年一次，由法定计量检验机构进行；凡检定不合格的衡器具，严禁使用。

2）计量衡器的定期检验资料应进行登记存档，专人管理。

（5）防雷防静电设施的定期检查测量

1）防雷防静电设施的定期检查测量周期为半年；

2）除法定的定期检验外，站内还应加强对防雷防静电设施的检查测量；

3）防雷防静电设施的日常检查和定期检查测量数据和报告必须建档保存，由专人管理。

14. 应急预案演练制度

（1）液化气站要根据自身生产实际情况，制定事故应急预案及定期演练制度，定期组织员工学习和演练。学习内容包括：预案内容、液化气相关知识、灭火知识等。达到人人了解预案的各个环节，懂灭火、堵漏常识。

（2）定期组织员工演练，学会使用消防设施和器材、堵漏工具等，并形成应急救援实战能力。每年组织不少于1次的专项应急救援演练活动；每年组织不少于2次的现场处置方案演练。

（3）演练前要制定详细的演练方案，内容包括演练的目的、时间、指挥者、参加人员、演练科目和步骤、注意事项等。

（4）演练时，要模拟事故现场和真实灾害情况，进行实战演习，参加人员要严肃认真，行动迅速，准确到位，熟练使用各种设施、器材。

（5）演练结束后要组织全体参练人员进行总结点评，指出演练环节存在的问题，并提出改正措施。

（6）演练活动要做好现场记录，参练人员要履行签字手续。

（7）应急救援预案每年应进行一次审查、修订，并根据人员、组织机构、生产工艺等的变动进行调整、补充和完善。

（8）应急救援预案中相关人员的电话号码至少每季度审查和更新一次。

上述各项制度是液化石油气站为保障其安全必须建立的主要管理制度。此外，各液化石油气站还应根据自己的实际情况，建立各岗位交接班制度、设备维护保养制度、各岗位责任制度等，把安全管理的各项要求落实到每个具体岗位。

# 8.3 操作规程

1. 烃泵操作规程

（1）开泵前，先用手按顺时针方向转动皮带轮5～6圈，静听泵内有无异常声音，发现异常，查明原因，排除异常后方可开机。

（2）开启储罐出液阀门，泵进出口阀门，并复查无误。

（3）检查用于灌装的储罐液位与压力，保证泵的吸入口扬程。

（4）联络好灌装作业人员开启烃泵运行，随时注意进出口压力，压力差不得大于0.5MPa，压力过高时应及时调整回流阀，降低压差。

（5）当储罐液位较低时，易产生气蚀磨损泵叶片，泵前压力低时，可开启循环压缩机辅助提高泵前压力。

（6）烃泵不允许空转运行，操作人员不允许远离运行设备。

（7）压力表不得失灵，发现失灵应立即更换。

（8）泵轴承与电机轴承要保持润滑。

（9）三角皮带拉紧程度要符合要求。

（10）运行中不得擦拭机器。

（11）停机后要关闭好进、出气阀门，切断电源并做好运行记录。

2. 循环压缩机操作规程

（1）检查机组各连接件是否有松动迹象，安全防护装置是否完好齐全。

（2）检查油位是否保持在视油窥镜上下限之间。

（3）转动皮带轮数转，察看是否有启动障碍，检查气液分离器、稳压罐液位，并及时排污。

（4）空转启动运行，观察各润滑油路系统是否符合要求。

（5）打开进口阀门带负荷运行，并注意压力、温度变化，运行正常后，打开出气阀门，若发现异常，打开回流阀泄压，必要时应停机检查，待故障排除后方可继续运行。

（6）停机后，先打开回流阀泄压，依次关闭进、出气阀门组，然后切断电源，做好运行记录。

（7）注意事项：

①设备运行时，操作人员不得远离工作区域。

②设备运行期间禁止擦拭和修理机器上的各部件。

③压缩机应定期每周一次进行保养和维护。

④排气温度应小于100℃，润滑油温度应小于60℃。

⑤进、出口压力差不得大于0.5MPa。压力差过大时，应及时调整工艺阀门。

⑥定期检查气液分离器中的液位，如已形成积液，应及时用气瓶接收并妥善处理，防止气液分离器中的液位过高，液相进入压缩机缸体内，造成设备爆炸。

3. 液化石油气固定式压力容器运行操作规程

（1）根据生产任务的需要进行液化石油气固定式压力容器储配的合理调度，单个液化石油气固定式压力容器的充装量不允许超过其容积的90%，严禁液化石油气固定式压力容器运行液位超过其液位计标定的最高警戒线。

（2）根据生产任务的需要，进行液化石油气固定式压力容器充装、卸载、倒罐调库或出液供应灌瓶间灌装时，操作人员要严格按照操作程序，按照先关后开的原则，开启或关闭固定式压力容器各工艺阀门，并分别挂牌予以明示，防止出现差错。

（3）液化石油气固定式压力容器卸载、倒罐或出液供应灌瓶间灌装时，必须经由出料固定式压力容器的出液管线通过烃泵来进行，不得直接通过固定式压力容器出液管线之间采用压差的方式来进行，以防止出现运行失控；液化石油气固定式压力容器也不得超低液位运行，当液位计指示液位已到达最低警戒线时，操作人员应立即停止该固定式压力容器的出料，以防止烃泵出现空转，影响烃泵运行安全。

（4）固定式压力容器操作人员每日按规定时间对液化石油气固定式压力容器进行巡回检查，随时掌握液化石油气固定式压力容器的运行参数，注意液位、压力和温度的变化，固定式压力容器运行压力、温度严禁分别大于其最高工作压力和最高工作温度。当压力达到1.2MPa，或罐体温度达到35℃时，应对液化石油气固定式压力容器进行喷淋，以降温降压；当液位超过最高警戒线时，应立即采取倒罐或其他紧急措施，以有效降低液位。

（5）经常检查液位计的工作状况，根据液化石油气固定式压力容器进出物料，对应其"液位－储存量换算表"进行计算核对，以判断液位计是否正常。如不正常，应查明是因磁浮子产生消磁现象，还是因磁浮子上下浮动与管壁发生摩擦产生砂眼，导致其失去浮力；冬季要防止液位计冻堵造成假液位现象，一旦出现异常，应立即进行处理，防止液化石油气固定式压力容器出现超液位运行，危及固定式压力容器运行和压缩机运行安全。

（6）安全阀与罐体管线间设置的阀门必须处于开启状态，每月必须对罐区所有阀门启闭一次，加油保养，确保启闭灵活和无泄漏。

（7）冬季要进行液化石油气固定式压力容器排污管的防冻排污，排污时应选择无风晴天，设警戒线，按照上、下两个截止阀一开一关的原则，利用固定式压力容器排污管上的排污箱，分批次间歇地进行排污，及时清除罐体内残液，以防止出现罐体或排污管冻裂。

(8) 当班操作人员必须认真填写液化石油气固定式压力容器运行记录。

(9) 注意事项：

1) 液化石油气固定式压力容器运行过程中出现下列情况的，操作人员应当立即采取紧急措施，并按规定的程序，及时向上级报告。

①工作压力、介质温度超过规定值，采取措施仍然不能得到有效控制；

②受压元件发生裂缝、异常变形、泄露等危及运行安全的；

③安全附件失灵、损坏等不能起到安全保护作用的；

④垫片、紧固件损坏，难以保证安全运行的；

⑤发生火灾、其他安全事故或自然灾害，直接威胁到固定式压力容器安全运行的；

⑥发生过量充装或介质错装的；

⑦液位异常，采取措施仍然不能够有效控制的；

⑧固定式压力容器与压力管道连接处出现严重振动，危及安全运行的；

⑨与固定式压力容器相连接的压力管道出现泄漏，危及安全运行的；

⑩其他影响固定式压力容器安全运行的情况。

2) 液化石油气固定式压力容器的压力表应每半年校验一次，其安全阀、防雷防静电设施应每年检验一次，储罐区燃气浓度检测报警器每月检查测试一次，以保证各类设备和监测仪表准确无误。

3) 禁止在液化石油气固定式压力容器运行期间对其接管、接管法兰螺栓和安全附件进行带压紧固。

4) 安全员在储罐区运行期间要对操作人员的操作情况和设备运行情况进行检查，发现问题及时纠正。

4. 液化石油气压力管道运行操作规程

(1) 运行前的准备工作

1) 每日上岗前先要对压力管道、主要组成元件、管道附属设施、安全附件、工艺阀门、防静电设施和支吊架做运行前检查，以确定压力管道、主要组成元件和附属设施有无变形、机械损伤和泄露，安全附件是否完好有效，工艺阀门是否启闭正常，法兰铜跨接线和管道静电接地是否脱落，支吊架是否松动。

2) 根据储配运行管理的需要，确定所要使用的工艺管线，按顺序打开相应的工艺阀门并检查和确认，不得错开和误开。

(2) 操作工艺要求

1) 压力管道运行压力的提升应由低到高逐渐进行，启动烃泵前应先将回流管线阀门开大，待运行平稳后再关小回流管线工艺阀门，逐步提升运行压力并保持稳定。

2) 随时掌握液化石油气压力管道运行情况，根据气瓶充装、罐车装卸工作量，合理调节管道运行压力，注意管道压力、流速的变化，当压力超过 1.0MPa 或出现压力剧烈波动时，应对液化石油气压力管道进行可靠降压。

3) 管道运行期间不允许出现强烈振动，否则要采取降压、降低流速和加固支吊架等措施来消除强烈振动现象。

4) 工艺阀门的开启与关闭状态应挂牌明示，压力管道操作人员应根据生产任务，按操作实际情况对工艺阀门逐一挂牌或及时予以更换，避免出现压力管道运行工艺事故。

5）液化石油气压力管道运行期间操作人员按规定时间间隔进行设备巡检，对工艺管线上的各工艺阀门的启闭状态进行复查，检查管线泄露情况并对运行工艺参数进行准确记录。

（3）运行结束后的检查和处理

1）液化石油气压力管道运行结束，按顺序先关闭烃泵，再关闭工艺管线上各工艺阀门。

2）要确保管线与储罐之间有回流管线连通，防止液化石油气压力管道在停运期间因温度变化而胀裂。

（4）注意事项

1）液化石油气压力管道运行期间，出现下列严重影响安全运行的情况时，应立即采取有效措施并紧急停车。

①压力管道安全附件失灵，运行工艺参数难以掌握，无法保证运行安全。

②管道组成元件出现裂纹、鼓包、变形、泄漏，危及压力管道运行安全时。

③压力管道接管出现断裂、紧固件损坏或管道法兰各密封面密封失效出现严重泄露现象时。

④压力管道主要工艺阀门不能正常启闭，无法实现压力管道的工艺操作，危及压力管道运行安全时。

⑤压力管道附近出现火灾、爆炸、压力容器运行事故或其他不安全因素时。

2）禁止在液化石油气压力管道运行期间对管件、法兰螺栓和安全附件进行带压紧固。

3）安全员在液化石油气压力管道运行期间要对操作人员的操作情况和设备运行情况进行检查，发现问题及时纠正。

5. 电子秤操作规程

（1）开机前先检查秤连接压力管道阀门有无泄漏，高压软管有无鼓包渗漏，静电接地是否完好。

（2）打开电源开关，屏幕显示正常后，输入工号、密码开机。

（3）充装前按钢瓶类别输入代码等基本信息，接好充气枪，打开充气阀门和气瓶角阀，按灌装键充装；充装过程中出现异常情况或蜂鸣器报警，立即停止充装排除故障。

（4）蜂鸣器提示气瓶充装完成，关闭充气阀和气瓶角阀，取下充气枪，移走钢瓶，保持灌装秤处于待机状态。

6. 瓶内残液处理操作规程

（1）一般规定

1）气瓶里的液化石油气用到最后，偶尔瓶底会剩一些残液，主要成分是戊烷，必须经气瓶充装站抽残液装置进行回收处理。

2）严禁私自倾倒气瓶里的残液，残液不允许在不同气瓶之间进行互倒，也不允许随意倾倒。

3）在用气瓶、待检气瓶应在气瓶充装站将瓶内残液集中回收到残液罐内，由气瓶充装站集中统一进行处理。

（2）操作要求

1）气瓶内残液超过 1kg 应进行密闭正压回收。

2）检查气相管道与残液罐之间的压力差，当压力差达到 0.2MPa 以上时，方可开始抽残液，压力不足则启动循环压缩机加压。

3）打开气瓶抽残液装置液相、气相总阀门。

4）连接抽残液装置倒空接头与气瓶角阀。

5）打开气瓶抽残液装置气相阀门和气瓶角阀，对气瓶进行加压。

6）根据声音或手感判断瓶内气压基本稳定后，关闭气瓶抽残液装置气相阀门。

7）翻转气瓶，打开气瓶抽残液装置液相阀门。

8）根据声音或手感判断瓶内残液是否已抽空，如已抽空，则关闭气瓶抽残液装置液相阀门，并使气瓶复位。

9）关闭气瓶角阀，卸下与气瓶连接的抽残液装置倒空接头。

（注：如一次抽不净，可重复抽数次，直至将瓶内残液抽空为止，剩余量小于 0.2kg）

10）气瓶抽残液工作完成后，检查、关闭循环压缩机，关闭气瓶抽残液装置液相、气相总阀门。

7. 倒罐安全操作规程

（1）烃泵倒罐作业

1）倒罐作业前应确定倒空罐和进液罐位号，检查储罐的液位、压力、温度，并做好现场记录。

2）倒罐操作方法：

①将倒空罐的液相出口管与烃泵进口连通；

②将进液罐的液相入口与烃泵的出口连通；

③将倒空罐的气相与进液罐的气相连通；

④确认无误后，按《烃泵安全操作规程》要求，启动烃泵进行倒罐作业。

（2）压缩机倒罐作业

1）倒罐作业前应确定倒空罐和进液罐位号，检查储罐的液位、压力、温度，并做好现场记录。

2）倒罐操作方法：

①将进液罐气相管与压缩机进口连通，将倒空罐的气相管与压缩机的出口连通。

②将倒空罐和进液罐的液相连通（留一道阀暂不打开）；

③按《压缩机安全操作规程》的规定，启动压缩机，抽取进液罐的气相注入倒空罐，使进液罐压力降低，倒空罐压力升高；

④当压差≥0.2～0.3MPa 后，打开倒空罐和进液罐的液相阀门，使倒空罐的液化气流入进液罐。

（3）倒罐作业注意事项

1）倒罐作业时，应加强巡回检查，由专人负责检查进液罐的液位、压力、温度，严禁超装。并观察倒罐液相流动是否畅通，运行压力是否正常，出现漏气、漏液和设备不正常时，应立即停机检查排除，并报告站内领导。

2）遇雷暴天气，应停止倒罐作业。

（4）倒罐作业后的处理

先停机，后将各相关阀门关闭，恢复到倒罐前的工作状态，并做好现场记录。

8. 移动式压力容器充装操作规程

（1）充装前的检查和准备工作

1）由安全员引导待充装罐车到厂站指定位置停车，待司机拉上手动制动闸，关闭汽车引擎后给车轮垫上防滑块。驾驶员则将车钥匙交与安全员保管，由安全员将罐车钥匙放在指定位置。

2）由安全员对罐车及其随车资料进行认真检查并做好检查记录。

①汽车罐车是否有《移动式压力容器使用登记证》并在有效期内。

②汽车罐车是否有《危险货物准运证》并在有效期内。

③驾驶员是否持有《道路危险货物运输驾驶人员证》并在有效期内。

④押运员是否取得《道路危险货物运输押运员证》并在有效期内。

⑤罐车走行装置与罐体是否连接牢靠，有无松动或其他不安全因素。

⑥对于首次投入使用的或检修后首次充装的罐车罐体，是否经氮气置换并有《罐体介质置换合格报告》，并检查罐体压力值，该压力值不得小于 0.086MPa。

3）经过随车资料和罐体初步检查合格的罐车，由安全员引导至汽车衡，由充装操作人员进行称量并作记录，然后由安全员引导至装卸柱指定位置停靠。

4）充装操作人员分别检查罐车罐体和出料储罐的液位、压力和温度，做好相关记录，并开启出料储罐的出液截止阀和气相截止阀，安全员要对充装操作人员在本环节的操作步骤进行逐一确认。

5）安全员检查装卸柱管线有无泄漏，接好罐车静电接地线，检查装卸柱周围有无其他不安全因素，确认符合安全要求后允许充装操作人员进行罐车充装操作。

6）对罐车罐体进行检查，有以下情况之一不得充装：

①紧急切断阀泄漏；

②球阀泄漏；

③液位计泄漏。

（2）充装工艺流程

1）充装操作人员拆卸罐车罐体快装接头盖，将装卸柱气、液相鹤臂管接头分别与罐车的气、液相管接合牢固后，由充装操作人员分别打开装卸柱气、液相鹤臂管截止阀，然后再分别开启罐车罐体气、液相接管放散阀和卸车柱鹤臂管气、液相管球阀，利用管线压力排出装卸柱鹤臂管与罐车罐体气、液相接管接头中的空气，待排尽后充装操作人员关闭罐车气、液相放散阀。

2）充装操作人员使用罐车罐体手动油压泵打开紧急切断阀，听到开启响声后，再缓慢分别开启罐车罐体气、液相管球阀。

3）充装操作人员分别到储罐区和压缩机房开启装车工艺管线阀门，安全员确认无误后充装操作人员分别启动装车烃泵和压缩机进行罐车充装作业。

4）严格控制罐车罐体的出气气相和进液液相的压差，保持该压差在 0.5MPa 以内，使充装物料在管线内的流动速度不致太快，以免罐车罐体过流阀起跳。

5）充装操作人员要密切关注出料储罐的液位，当有可能达到最低警戒液位高度时，要立即采取措施更换出料储罐，防止装车烃泵发生空转。

6）充装操作人员通过观察罐车罐体液位计的显示来确认充装量是否达到设定的值。如液位计显示已经达到设定的量，则应按顺序先分别关闭压缩机和压缩机房卸载工艺阀门，然后再分别关闭罐车罐体气相球阀和卸车柱气相鹤臂管球阀。

7）自储罐区返回装卸柱后，充装操作人员分别关闭罐车罐体气、液相管球阀和气、液相鹤臂管球阀，切断罐车罐体气、液相管紧急切断阀，再关闭罐车装卸柱气、液相鹤臂管截止阀，然后自罐车罐体液相管摘除液相鹤臂管，给罐车罐体液相管接头戴好快装接头盖。把卸车柱液相鹤臂管归位戴好快装接头盖后再分别打开罐车罐体气相管和卸车柱气相鹤臂管球阀。

8）卸载操作人员再返回压缩机房调整罐车卸载工艺阀门，启动压缩机对罐车罐体气相进行抽压，密切关注罐车罐体气相管压力表读数，直至压力表读数达到大于 0.1MPa 时气相抽取结束。

9）卸载操作人员关闭压缩机和卸载工艺阀门，回到卸载作业现场分别关闭罐车罐体和气相鹤臂管球阀，切断罐车罐体气相紧急切断阀并关闭卸车柱气相鹤臂管截止阀，自罐车罐体气相管摘除气相鹤臂管，再给罐车罐体气相管接头戴好快装接头盖。把卸车柱液相鹤臂管归位并戴好快装接头盖。

（3）充装完毕后的检查及处理

1）罐车充装完毕，安全员应对充装工艺管线和出料储罐阀门的关闭状况进行确认，并使用泡沫喷壶或便携式测爆仪检查充装罐车罐体、气、液相管及其紧急切断阀和球阀有无泄漏。

2）经检查罐车罐体无泄漏，由安全员摘除连接罐车静电接地线并将罐车钥匙交由罐车驾驶员，罐车启动驶往汽车衡进行称量，由充装操作人员进行计算并填写充装记录，将结果交由安全员审核，安全员和罐车押运员共同对审核结果进行签字确认。

3）充装结束，罐车驶出厂站，所有随车物资和证件一并由押运员带回。

（4）注意事项

1）充装作业过程由安全员指挥，充装操作人员必须服从安全员的指令。

2）待充装液化石油气的罐车到达厂站后，必须服从安全员的指挥，驾驶员不得在驾驶室内逗留，罐车押运员负责罐车的安全监控，不得操作其他设备。

3）罐车随车资料检查不符合规定，安全员不得同意违规进行充装。

4）罐车卸载与充装不得在同一工艺管线同时进行，要合理安排卸载与充装的顺序，一项作业未完成，另一项作业的罐车不得进入装卸柱停靠并连接罐体与装卸鹤臂管。

5）多台罐车同时进行充装作业时停靠位置要保证安全间距。

6）禁止在罐车装卸柱利用卸载罐车罐体介质直接对另一台罐车罐体进行充装作业。

7）罐车充装过程中安全员要巡回检查现场，注意充装工艺是否符合规定，压缩机房稳压罐与气液分离器压力表读数压差是否大于 0.5MPa，液相管线流速是否过快，过流阀是否起跳，否则应立即要求卸载操作人员改正。

8）罐车充装过程中，罐车押运员、充装操作人员和安全员均不得擅自离开本职岗位，驾驶员严禁启动引擎或对罐车进行清洗和维修。

9）罐车充装场所应符合有关防火、防爆的规定，如附近有明火和易燃介质泄漏以及动火作业时，则一律暂停充装作业。

10）出现雷雨天气及其他不安全因素时，安全员应作出安排暂停充装作业，待天气好转时再继续安排卸载作业。

# 9　液化石油气库站安全管理措施

## 9.1　装卸气

1. 液化石油气气瓶充装

（1）充装人员上岗时应按要求穿戴防静电劳保防护用品。

（2）充装作业需由经培训合格的专业人员操作，持证上岗。

（3）充装前应校验磅秤的灵敏度与准确性，认真检查高压胶管和灌瓶枪密封圈有无老化开裂现象，若发现应及时更换。

（4）严格控制气瓶充装量，液化石油气气瓶最大充装量按充装系数 0.42kg/L 进行充装，充装时要看清气瓶规格并进行正确充装。

（5）发现超量充装的气瓶严禁就地排放，应立即通过气瓶抽残液装置进行处理。

（6）充装气瓶时应观察压力变化，发现异常，立即通知烃泵操作人员及时处理。

（7）充装气瓶时，严禁摔、撞、滚、砸、野蛮操作。

（8）充装的气瓶应逐只进行封口，填写相关充装记录。

（9）充装结束后应对工艺管线进行检查，关闭烃泵，关闭充装管线上的阀门。

2. 槽车装卸

（1）检查

1）检查随车资料并做好检查记录。随车资料包括：《移动式压力容器使用登记证》《危险货物准运证》《道路危险货物运输驾驶人员证》《道路危险货物运输押运员证》等，确保在有效期内。

2）检查罐车的安全附件（包括安全阀、紧急切断阀、液位计、压力表、温度计等），是否齐全、有效、灵敏、可靠；检查排气管是否戴好防火罩。

3）检查储罐、泵、阀门、管道是否完好，有无跑、冒、滴、漏现象。

4）查明罐车储运介质是否与待装卸物料相一致，并检查其液位计和压力是否正常。

5）检查罐车停靠位置，是否停稳、熄火，车钥匙是否交管，车轮是否加固定防滑块，有无履行装卸前安全检查手续。

6）确保罐车的静电接地线与装卸台的地网线连接牢靠。

（2）监护

罐车装卸过程中，罐车押运员、充装操作人员和安全员均不得擅自离开本职岗位，确保按装卸操作规程作业。

（3）注意事项

遇到下列情况之一时，禁止罐车装卸作业：

1）雷暴天气；

2）附近有明火；

3）储罐压力异常、设备运行不正常；

4）设备、管道、阀门发生漏液、漏气现象等。

# 9.2 储 气

1. 储罐的技术档案管理

技术档案包括压力容器登记卡，出厂资料，安装资料，检验资料，安全附件校验、修理、更换记录，使用登记有关资料等。

2. 安全技术管理

使用单位的技术负责人必须对压力容器的安全技术管理负责。按国家相关标准规范制定压力容器安全管理制度和安全技术操作规程；逐台办理使用登记；编制年度检验计划；做好压力容器运行、检验、维修、改造、报废、安全附件校验及使用状况的技术审查和检查工作，并落实岗位责任制和安全检查制度，建立规范压力容器技术档案管理；做好压力容器事故应急救援和事故管理工作；作业人员应持《特种设备作业人员证》上岗。

3. 运行控制（有手动控制和自动连锁控制两种）

（1）压力：压力控制要点主要是控制容器的操作压力在任何时候都不得超过最大工作压力。

（2）温度：温度控制要点主要是控制其极端工作温度。

（3）液位：严格按照规定的充装系数充装。

（4）流量和流速：对流量和流速的控制主要是控制其对容器不造成严重的冲刷、冲击和引起振动。

（5）交变荷载：交变荷载作用会导致容器疲劳破坏，要避免突然开、停车或不必要的频繁加压和卸压。

4. 安全使用管理制度

（1）各类岗位责任制；

（2）安全操作规程。

5. 维护保养

（1）及时消除泄漏现象；

（2）保持完好的防腐层和保温层；

（3）减少或消除容器的冲击和振动；

（4）维护保养好安全装置；

（5）保持容器表面清洁。

6. 注意事项

（1）平稳操作；

（2）严格控制工艺指标；

（3）运行中安全检查；

（4）严格执行检修办证制度。

## 9.3 运　输

1. 汽车槽车运输

（1）必须办理危险品运输许可证；

（2）汽车罐车在使用前必须在质量技术监督部门办理"移动式压力容器使用登记证"并经过质量技术监督部门的检验，取得检验合格证书且在有效期内。

（3）车辆安全技术状况必须达到Ⅰ级标准。

（4）从事液化气运输的企业必须具有相应的资质、技术条件，有严格的车辆管理制度、安全管理体系，并配备专职的管理人员。同时还应按交通运输部门的规定，液化气运输车辆上安装 GPS 卫星定位系统。

（5）驾驶员押运员必须持证上岗，且人员配备齐全。

（6）驾驶员押运员作业时严禁吸烟，并应着不产生静电的工作服和不带铁钉的工作鞋。

（7）一般道路上最高车速为 60km/h，在高速上最高车速为 80 km/h，在厂（库）区内干道行驶时，车速不超过 5 km/h。

（8）运输过程中，应每隔 2h 检查一次车况及槽罐状况是否完好。

（9）驾驶员一次连续驾驶 4h 应休息 20min 以上；24h 内实际驾驶车辆时间累计不得超过 8h。

（10）危险运输警示标志齐全、完好。

（11）车上应配备足够的消防器材（8kg 以上干粉灭火器不少于 2 只）、应急处理设备和工具、劳动防护用品等。发动机排气筒加带性能可靠的阻火器。

（12）驾驶人员应严格遵守《危险品交通运输管理规定》。

2. 汽车装载钢瓶运输

（1）不宜使用汽车装载钢瓶长途运输液化石油气，装运液化石油气钢瓶的汽车应悬挂"危险品"标志，装配 2 具以上 8kg 干粉灭火器，发动机排气筒加带性能可靠的阻火器。

（2）装卸液化石油气钢瓶的场所应严禁烟火，装卸钢瓶应轻拿轻放，不得滚动、碰撞。钢瓶在车厢内应竖直码放一层为宜，YSP15 以下的钢瓶，不得超过两层码放，并应采取措施，码放稳固，严防途中车辆颠簸碰坏钢瓶及其角阀，导致气体泄漏。运输液化石油气钢瓶的汽车不得载人装物，超重、漏气以及没有橡胶护圈的钢瓶不得装车运输。

（3）装运液化石油气钢瓶的汽车应配备押运员，司机和押运员应经过安全培训，学习防火、灭火等安全知识，运输途中及中途停车等方面的防火安全措施，可参照汽车槽车运输液化石油气的做法。

（4）运输途中泄漏液化石油气时，应认真查找漏气钢瓶和漏气原因，关闭角阀，进行堵漏。钢瓶角阀损坏或堵漏无效时，应疏散漏气钢瓶到安全地带，进行安全监护，让泄漏的气体自然扩散，熄灭周围火源。堵漏、疏散漏气钢瓶不得使用能点火的工具，钢瓶漏气并着火时，司押人员应采取紧急措施，并立即向当地消防部门报警。

## 9.4  抽真空、抽残液

1. 新瓶抽真空

液化石油气站应设有残液倒空和回收装置，还应有新瓶抽真空设施，抽真空设施应保证新瓶真空度能抽至 80kPa 以上。

2. 抽真空处理

移动式压力容器（槽车）出厂前，采用抽真空处理时，处理后的真空度不低于 0.086MPa。

3. 要求

抽真空、抽残液应严格按照操作规程作业。

## 9.5  阀门、仪表

1. 阀门

（1）液态液化气输送管道和站内液化石油气储罐、容器、设备、管道上配置的阀门及附件的工程压力（等级）应高于其设计压力。

（2）液化石油气储罐、容器、设备和管道上严禁采用灰口铸铁阀门及附件，在寒冷地区应采用钢质阀门及附件。

（3）液化石油气储罐安全阀必须选用弹簧封闭全启式，其开启压力不应大于储罐设计压力；容积为 100m³ 或 100m³ 以上的储罐应设置 2 个或 2 个以上的安全阀。安全阀与储罐之间应装设阀门，且阀门应全开，并应铅封或锁定。安全阀一般每年至少校验一次。

（4）止回阀的安装应注意流向，当安装在直立管道上时，应注意介质的流向必须是自下而上流动，否则阀瓣会因自重作用而起不到止回作用。

（5）充装易燃、易爆介质的移动式压力容器，其罐体的液相管、气相管口处应当分别装设一套紧急切断装置（由紧急切断阀、远程控制系统、过流控制阀以及易熔合装置等组成）。

（6）阀门开关作业要严格遵守操作规程；要定期观察阀门启闭运行状况、密封情况，发现问题及时处理；定期加注润滑油，保持各运动部件的良好润滑条件。

2. 仪表

（1）检查液化气储罐是否设置就地指示的液位计、压力表；就地指示液位计宜采用直接观测储罐全液位的液位计，液位计应根据储罐的介质、设计压力和设计温度选用；选用的压力表，应与液化气介质相适应，压力表的精度和表盘刻度符合要求，并经检验合格；

（2）容积大于 100m³ 的储罐，应设置远传显示的液位计和压力表，且应设置液位上、下限报警装置和压力上限报警装置；

（3）液化气储罐宜设置温度计，并应定期校准。

## 9.6　电气设备

1. 电气设备运行

电气设备运行中产生的火花和危险温度是引起火灾的重要原因之一。因此保持供配电设备的正常运行对于防火防爆具有重要意义。保持电气设备正常运行包括供配电设备的电压、电流、温升参数不超过允许值，即在额定值允许范围内运行；其中还包括保持电气设备的绝缘和电气连接良好等。

2. 电气设备运行注意事项

(1) 备用电源发电机组应保持完好，且定期启动运行。

(2) 电气设备的电压、电流不得超过额定值，导线的载流量应在规定范围内。

(3) 电气设备、线路应定期进行绝缘试验，必须保持绝缘良好。

(4) 防暴设备的最高表面温度应符合防爆电气设备极限温度和温升的规定值。

(5) 定期清扫，经常保持电气设备整洁，防止设备表面污脏，绝缘下降。

(6) 做好导线可靠连接措施以及电气设备的接地、接零、防雷、防静电措施。

(7) 执行安全操作规程，不发生误操作事故。

## 9.7　防雷、防静电

1. 检查

对站区内的防雷、防静电装置，应当进行日常检查，内容包括：

(1) 检查是否由于建筑物本身的变形，使防雷装置的保护情况发生变化。

(2) 检查各处明装的导体有无因锈蚀或机械损伤而折的情况，如发现腐蚀30%以上，则应及时更换。

(3) 检查接地线有无被破坏的情况。

(4) 检查接地线装置周围的土壤有无沉陷现象。

(5) 检查有无因施工挖土、敷设其他管道或种植树木而损坏接地装置。

2. 检测

站区内的防雷、防静电装置还应接受当地防雷检测机构的定期检查测量。

3. 特殊检查

如遇特殊情况，要做好临时性检查。特别是在雷暴来临前，有必要进行特殊检查，发现问题，及时处理，以防止其失效。

# 10 防火与灭火

## 10.1 防 火

物质燃烧不是随便就可以发生的，而是要有一定的条件。这些条件具备了，物质才能由不燃烧状态转变为燃烧的状态。人们在长期的用火实践中发现，物质燃烧必须同时具备三个条件：可燃物、助燃物和点火源。当三个条件相互结合，互相作用时，就会发生起火燃烧或是爆炸。所以，一切的防火措施都是破坏燃烧的"三要素"，即阻止可燃物、助燃物和点火源的同时产生，使之不能相互结合，互相作用。

1. 燃气"三要素"

（1）可燃物

一般情况下，凡是能在空气、氧气或其他氧化剂中发生燃烧反应的物质都称为可燃物，否则称不燃物。可燃物既可以是单质，如碳、硫、磷、氢、钠、铁等，也可以是化合物或混合物，如液化石油气、乙醇、甲烷、木材、煤炭、棉花、纸、汽油等。

可燃物按其组成可分为无机可燃物和有机可燃物两大类。从数量上讲，绝大部分可燃物为有机物，少部分为无机物。

无机可燃物主要包括化学元素周期表中Ⅰ～Ⅲ主族的部分金属单质（如钠、钾、镁、钙、铝等）和Ⅳ～Ⅵ主族的部分非金属单质（如碳、磷、硫等）以及一氧化碳、氢气和非金属氢化物等。不论是金属还是非金属，完全燃烧时都变成相应的氧化物，而且这些氧化物均为不燃物。

有机氧化物种类繁多，其中大部分含有碳（C）、氢（H）、氧（O）元素，有的还含有少量氮（N）、磷（P）、硫（S）等。这些元素在可燃物中都不以游离状态存在，而是彼此化合为有机化合物。

碳是有机可燃物的主要成分，它基本上决定了可燃物发热量的大小。氢是有机可燃物中含量仅次于碳的成分。有的有机可燃物中还含有少量硫、磷，它们也能燃烧并放出热量，其燃烧产物（$SO_2$、$P_2O_3$ 等）会污染环境，对人有害。可燃有机物中的氧、氮不能燃烧，它们的存在会使可燃物中的可燃元素含量（碳、氢等）相对减少。

可燃物按其常温状态，可分为易燃固体、可燃液体及可燃气体三大类。不同状态的同一种物质燃烧性能是不同的。一般来讲气体比较容易燃烧，其次是液体，最次是固体。同一种状态但组成不同的物质其燃烧能力也不同。

（2）助燃物（氧化剂）

凡是能和可燃物发生反应并引起燃烧的物质，称为助燃物（或称氧化剂，严格地说这样叫不够贴切，因为它们不是"帮助"燃烧而是"参与"燃烧）。

氧化剂的种类很多。氧气是一种最常见的氧化剂，它存在于空气中（体积百分数约占21%），故一般可燃物质在空气中均能燃烧。

其他常见的氧化剂有卤族元素：氟、氯、溴、碘。此外还有一些化合物，如硝酸盐、氯酸盐、重铬酸盐、高锰酸盐及过氧化物等，它们的分子中含氧较多，当受到光、热或摩擦、撞击等作用时，都能发生分解放出氧气，能使可燃物氧化燃烧，因此它们也属于氧化剂。

（3）点火源

点火源是指具有一定能量，能够引起可燃物质燃烧的能源。有时也称着火源或火源。点火源的种类很多，主要包括以下几类。

1）明火。包括生产用火，如用于气焊的乙炔火焰，电焊火花、加热炉，锅炉中油、煤的燃烧火焰等；非生产性火，如烟头火、油灯火、炉灶火等。

2）电火花。如电器设备正常运行中产生的火花，电路故障时产生的火花、静电放电火花及雷电等。

3）冲击与摩擦火花。如砂轮、铁器摩擦产生的火花等。

4）化学反应热：如脏的破油布，棉丝团堆积而形成的自燃等。

形成自燃的原因，是来自可燃物内部发热，由于热量不能及时失散引起温度升高导致燃烧。这种情况可视为"内部点火源"。这类点火源造成的燃烧现象通常叫做自燃。

5）其他。如高温表面、聚集的日光等。

当然，可燃物、助燃物和点火源是构成燃烧的三个要素，缺一不可。这是指"质"的方面的条件——必要条件，但这还不够，还要有"量"的方面的条件——充分条件。在某些情况下，如可燃物的数量不够，氧化剂不足，或点火源的能量不够大，燃烧也不能发生。因此，燃烧条件应做进一步明确的叙述。

①具备一定数量的可燃物。在一定条件下，可燃物若不具备足够的数量，就不会发生燃烧。例如，在同样温度（20℃）下，用明火瞬间接触汽油和煤油时，汽油会立刻燃烧起来，煤油则不会。这是因为汽油的蒸汽量已经达到了燃烧所需浓度（数量），而煤油蒸汽量没有达到燃烧所需浓度。虽有足够的空气（氧气）和着火源的作用，也不会发生燃烧。

②有足够数量的氧化剂。要使可燃物质燃烧，或使可燃物质不间断地燃烧，必须供给足够数量的空气（氧气），否则燃烧不能持续进行。实验证明，氧气在空气中的浓度降低到14%～18%时，一般的可燃物质就不能燃烧。

③点火源要达到一定的能量。要使可燃物发生燃烧，点火源必须具有足以将可燃物加热到能发生燃烧的温度（燃点或自燃点）。对不同的可燃物来说，温度不同，所需的最低点火能也不同。如一根火柴可点燃一张纸而不能点燃一块木头；又如电、气焊火花可以将达到一定浓度的可燃气与空气的混合气体引燃爆炸，但却不能将木块、煤块引燃。

总之，要使可燃物发生燃烧，不仅要同时具有三个基本条件，而且每一条件都必须具有一定的"量"，并彼此相互作用，否则就不能发生燃烧。

2. 燃烧的本质

燃烧就是人们常说的着火、起火。但实际上通过人们长期用火实践和科学实验证明，燃烧是一种放热发光的化学反应。

在日常生活、生产中所看到的燃烧现象，大都是可燃物质与空气（氧气）或其他氧化剂进行剧烈反应而发生的放热发光的现象。实际上，燃烧不仅仅是化合反应，也有的是分解反应。如简单的可燃物质的燃烧，只有元素跟氧的化合。

$$C+O_2=CO_2$$
$$S+O_2=SO_2$$

复杂物质的燃烧，先是物质的受热分解，然后再发生化合反应。

$$CH_4+2O_2=CO_2+2H_2O$$
$$2C_2H_2+5O_2=4CO_2+2H_2O$$

而含氧的炸药燃烧，则是一个复分解反应。

$$4C_3H_5(ONO_2)_3=12CO_2+10H_2O+O_2+6N_2$$

近代用链锁反应理论来解释物质燃烧的本质，认为燃烧是一种游离基的链锁反应。链锁反应也称为链式反应，即在瞬间进行的循环连续反应。游离基是一种瞬变的、不稳定的化学"东西"，可能是原子、分子碎片或其他中间物，它们的活动能力非常强。当设法使反应物产生少量的活化中心——游离基时，即可能发生链锁反应。反应一经开始，就可经过许多链锁步骤自动发展下去，直至反应物全部反应完成为止。当活化中心全部消失时，链锁反应就会中断，燃烧也就停止。

燃烧理论认为：可燃物质的多数氧化反应不是直接进行的，而是经过一系列的复杂的中间阶段；不是氧化整个分子，而是氧化链锁反应的中间产物——游离基和原子。可见，燃烧是一种复杂的物理化学反应。游离基的链锁反应是说明燃烧物质的化学实质，光和热是说明燃烧过程中发生的物理现象。

掌握燃烧本质，可区分燃烧与非燃烧现象，对于采取防火措施，以及追查火灾原因是有实际意义的。如电灯照明、灼热铁块等都有光和热，但没有起化学反应，只是物理现象，不是燃烧现象。而金属生锈、动物呼吸、食物腐烂、生石灰遇水都是放热的化学反应，但不发光，也不称为燃烧。

3. 燃烧分类及类型

（1）燃烧的分类

燃烧按其不同的形式分为三类：

1）按着火方式分类

按着火方式的不同，燃烧可分为强制着火和自发着火。

①强制着火：强制着火是通过外部着火源起作用的。只要被燃烧物接近着火源，就会起火。

②自发着火：自发着火又称为自动起火，就是通常所说的自燃。它是靠自身内部的某种物理过程提供能量而引起的自发着火，区别于强制着火所需热量的方式，它是整体需外部热能，然后加热整个可燃混合物使其瞬间着火。

2）按燃烧时可燃物的状态分类

按燃烧时可燃物的状态不同，燃烧可分为气相燃烧和固相燃烧。

①气相燃烧

气相燃烧是指燃烧反应的可燃物和助燃物均为气体。气相燃烧的特点是燃烧时伴随着火焰产生。气相燃烧是最为基本的一种燃烧形式，一般可燃物的燃烧均为气相燃烧。

②固相燃烧

如果可燃物质为固相，那么这种燃烧称为固相燃烧。固相燃烧的特点是不产生火焰。只有固体物质的燃烧才有可能产生固相燃烧，但不是所有的固体物质燃烧都产生固相燃烧。如炭的燃烧就是固相燃烧的一种典型形式。

3）按燃烧时的控制因素分类

按燃烧时的控制因素的不同，燃烧可分为扩散燃烧和动力燃烧。

①扩散燃烧：凡可燃物与助燃物的混合是在燃烧过程中边混合边燃烧的现象称为扩散燃烧。扩散燃烧的特点一是燃烧反应速度快，二是扩散多少就烧多少。

②动力燃烧：凡可燃物与助燃物在燃烧时已均匀的混合，且完全呈气相状态，遇着火源的燃烧称为动力燃烧。

动力燃烧的特点是混合物在燃烧前已均匀混合，燃烧时不需要再混合。

（2）燃烧类型

燃烧按其各自的特性，分为闪燃、着火、受热自燃、本身自燃以及爆炸等五种类型。

1）闪燃

在一定的温度下，可燃液体的蒸汽与空气混合，接触火焰时，会闪出火花，但随即熄灭。这种瞬间一闪即灭的现象称为闪燃。发生闪燃的最低温度叫作闪点。闪燃往往是着火的先兆。

闪点是确定火灾危险性的依据。闪点越低，火灾危险性越大。

可燃液体可根据闪点的不同，大致分为四级二类：

第一级：闪点在28℃以下，如汽油、苯、乙醚等；

第二级：闪点在28～45℃之间，如煤油、松节油等；

第三级：闪点在46～120℃之间，如柴油、硝基苯、乙二醇等；

第四级：闪点在120℃以上，如润滑油、甘油等。

第一、二级液体属于易燃液体；第三、四级液体属于可燃液体。

液体火灾危险性的程度，以及加工、储存、运输、使用的各种安全措施就是根据该液体的闪点来确定的。

2）着火

一切可燃的固体、液体和气体由于受到各种着火热源的作用而引起的持续燃烧现象称为着火。可燃物开始燃烧所需要的最低温度叫着火点，或叫燃点。

燃点越低的可燃物，越易燃烧起火。火场上，燃点越低的可燃物，越易造成火灾蔓延。因此，掌握了可燃物质的燃点，在防火、灭火上就可能采取许多行之有效的措施。

3）受热自燃

如果给可燃物质均匀的加热至燃点时，就是不用明火去点燃而能自行燃烧的现象，称为受热燃烧。

可燃物质发生受热自燃的过程：当可燃物质受热时，便开始缓慢的氧化，由于氧化的速度很慢，发出的热量不多，而且随即被散发，此时并不会引起自燃。如果继续加热，使可燃物质达到一定的温度时，氧化反应加快，在单位时间内发出的热量大于散发的热量，从而获得了剧烈氧化的条件，当温度达到一定值时，可燃物质就会自燃起火。

可燃物质的自燃点越低，发生火灾的危险性就越大。但是可燃物质的自燃点不是固定不变的，而是随着压力、浓度、是否密闭、散热程度等条件的不同而发生相应的变化。掌握可燃物质受热自燃的原因，在防火工作中就可以采取相应的措施。如将可燃物与烟囱、供暖设备、电热器具等热源隔离或留出间距以防止受热自燃；烘烤、熬炼及热处理中，注意控制温度，使加热温度不超过其燃点；用遮挡的方法不使阳光的辐射热透过玻璃聚焦，射在可燃物上引起受热自燃等。在灭火过程中，用水冷却火区周围的可燃建（构）筑物，疏散可燃物，防止热辐射和热气源作用而引起受热自燃等。

4）本身自燃

某些可燃物质在没有外来热源的情况下，由于本身内部所进行的生物、物理和化学的过程而产生热，在条件适宜时，聚集的温度逐步升高，最后发生自燃。这种没有外来热源作用而发生自动燃烧的现象，称为本身自燃。

本身自燃和受热自燃的两种现象其本质是一样的，只是热的来源不同。前者是本身热效应的作用，而后者是靠外部加热的作用。

在一般情况下，能够自燃的物质有：植物产品，如稻（麦）草、树叶（粉）、籽棉、苞米芯等；油脂类，包括动物、植物和矿物油三种。植物油具有较大的自燃能力，动物油次之，而矿物油如不是废油或者与其他油脂混合是不会自燃的；煤粉（块），除无烟煤外，其他煤均有自燃能力；化学物质在接触空气时，或者相互混合时，也能自行着火，如接触空气自燃的黄磷、铝铁溶剂、硝酸纤维制品和有机过氧化物等；与水接触发生自燃的碱金属（钾、钠等）、碱金属氢化物（氢化钠、氢化钾等）、金属碳化物（碳化钙、碳化铝等）、金属磷化物（磷化钙、磷化锌等）；相互接触或混合自燃的：强氧化剂（过氧化钠与甲醇、高锰酸钾与甘油等）、强还原剂（氯气与乙炔等）等。

**不同物质自燃点** 表 10-1

| 物质名称 | 自燃点（℃） | 物质名称 | 自燃点（℃） |
| --- | --- | --- | --- |
| 木材 | 400~500 | 乙醚 | 180 |
| 棉花 | 407 | 二硫化碳 | 112 |
| 桐油 | 410 | 锌粉 | 360 |
| 柴油 | 350~380 | 松香 | 240 |
| 石油沥青 | 270~300 | 赤磷 | 200~250 |
| 煤油 | 240~290 | 赛璐珞 | 150~180 |
| 溶剂油 | 235 | 三硫化四磷 | 100 |
| 乙炔 | 330 | 黄磷 | 34~35 |

5）爆炸

物质从一种状态迅速转变成另一种状态，并在瞬间放出大量能量的现象称为爆炸。

①爆炸的种类

爆炸可分为物理爆炸、化学爆炸和核爆炸。

a. 物理爆炸：由于液体变为蒸汽或气体迅速膨胀、压力增加，并大大超过容器所能承受的极限压力，因此发生爆炸。如蒸汽锅炉、压缩和液化气钢瓶、油桶的爆炸等，均属于物理爆炸，物理爆炸能够间接地造成火灾或促使火势的扩大蔓延。

b. 化学爆炸：由于物体本身发生化学反应，并产生大量的气体和较高的温度而形成爆炸。如可燃气体、蒸汽和粉尘与空气混合物的爆炸、爆炸物品的爆炸等。化学爆炸能够直接造成火灾，具有很大危险性。

c. 核爆炸：能量由原子核裂变或聚变后产生的一种爆炸。如原子弹、氢弹等。

②爆炸浓度极限

可燃气体、液体蒸汽或可燃粉尘与空气的混合物，并不是在任何混合比例下都有可能发生爆炸的，而是在一定的浓度范围内，遇着火源才能发生爆炸。这种遇着火源才能够发生爆炸的浓度范围，叫作爆炸浓度极限，用体积百分比（可燃粉尘用 $g/m^3$）表示。当空气中含有少量的可燃气体、蒸汽或粉尘所形成的混合物，遇着火源能爆炸，这种能发生爆炸的最低浓度叫作爆炸浓度下限。可燃气体、蒸汽和粉尘在空气中的浓度低于爆炸下限，遇明火，既不爆炸，也不燃烧；当空气中含有大量的可燃气体、蒸汽或粉尘所形成的混合物，遇火源能爆炸，这种能发生爆炸的最高浓度叫作爆炸上限。可燃气体、蒸汽或粉尘在空气中的浓度高于爆炸上限，遇明火，虽然不会爆炸，但能燃烧。

4. 燃烧热传递的方式

根据物质燃烧的基本过程，可将一般物质燃烧（着火）划分为五个阶段。即初起、发展、猛烈衰弱、熄灭阶段。燃烧由初起阶段发展到最猛烈阶段的重要原因就是热的传递。热的传递通常以热传导、热对流和热辐射三种方式进行。

（1）热传导

物质燃烧产生的热量从物体的一部分传到另一部分的现象叫作热传导，又称导热。固体、液体和气体都具有热传导性能。热传导发生的原因主要是依靠物质彼此接触的微粒能量的交换来实现的。即由于物体较热的分子因受热振动而与邻近的分子相碰撞，将其能量的一部分传予邻近的分子。但是，在导热过程中，物体内各分子的相对位置是不发生变动的。所以热传导是以固体为最强，液体次之，气体最弱的。

从消防观点来看，导热性能良好的物质燃烧时，很容易造成火势蔓延。这是因为热可能通过导热物体传导到与其接触的另一处物体上而引起燃烧，所以，火场上，为制止由于热传导而致使火势扩展的现象，应不断地冷却被加热的热传导物体，以防止扩大火势。

（2）热对流

由于热微粒改变空间位置所引起的热量传递过程叫作热对流。热对流在传递热的同时，也伴随有热传导的现象。

热对流通常有气体对流和液体对流。通过气体和液体流动传递热能的现象，分别称为气体、液体对流。

气体对流对火势的发展变化很大。首先是热气流的流动，可能加热可燃物达到燃烧程度、使火势扩大蔓延；其次，热气流在上升或扩散时，将周围冷空气流带入燃烧区，助长了火势的发展；第三，热气流方向变动，使燃烧蔓延的方向变化。

此外，气体对流在室内和露天情况下对燃烧的影响也有所不同。

液体对流对火势的影响主要表现在盛装容器中的可燃液体局部受热，而以对流的方式传递热源，使整个容器内的液体温度升高，致使容器爆裂，或蒸汽外溢着火，石油类的火灾还会发生沸腾和喷溅，造成蔓延。

（3）热辐射

热以辐射线体传递热能的现象叫作热辐射。

热辐射是火场上传递物质燃烧火焰的主要方式。一般来说，火场上火势发展猛烈的时候，也就是火焰辐射能力强烈的时候，火源周围物质受热最多的时候。

热辐射的强度传递强弱与热源的距离、温度和角度均有一定的关系。因此，为防止辐射热引起火灾，建筑物之间要留住必要的防火间距。火场上，要用水或泡沫等灭火剂，冷却被热辐射的物体表面，设法隔离，疏散和消除受辐射热威胁的可燃物质，阻止火势扩大蔓延，减少损失。

5. 燃烧产物

通过燃烧而生成的气体、液体和固体物质，叫作燃烧产物。

在燃烧过程中，如果生成的产物不能再燃烧了，称这种燃烧为完全燃烧，其燃烧产物叫作完全燃烧产物。如果生成的燃烧产物还能继续燃烧，称这种燃烧为不完全燃烧。造成不完全燃烧的原因是由于温度太低或空气不足。

燃烧产物的成分和性质，取决于被燃烧物质的组成、性能和燃烧条件。如无机可燃物多为单质，其燃烧的产物组成也较为简单，主要是些氧化物；有机物燃烧的组成含有：碳、氢、氧、硫、磷、氮等元素，在燃烧时，它们生成二氧化碳（$CO_2$）、水（$H_2O$）、二氧化硫（$SO_2$）、五氧化二磷（$P_2O_5$）等产物。

如果空气不足或是温度较低，会发生不完全燃烧。不完全燃烧不仅会产生上述的完全燃烧产物，而且还会生成一氧化碳、酮类、醛类、醇类和醚类，等等。不完全燃烧产物还具有燃烧性，与空气混合甚至会有发生爆炸的危险。

常见的燃烧产物主要有：一氧化碳（CO）、二氧化碳（$CO_2$）、水（$H_2O$）、一氧化氮（NO）、二氧化硫（$SO_2$）、五氧化二磷（$P_2O_5$）、氨气（$NH_3$）、硫化氢（$H_2S$）、氰化氢（HCN）、灰渣、烟雾等。

（1）一氧化碳（CO）

CO为不完全燃烧产物。在燃烧时是产生最多的气体产物之一，它是一种无色、无味的可燃性气体，与空气混合会形成爆炸性混合物。

一氧化碳对人体的危害性很大。当一氧化碳浓度超过0.5％时，呼吸数分钟，血液中的一氧化碳血红蛋白会超过50％，会造成死亡。一氧化碳浓度在0.2％时，30min内人便会有生命危险。一氧化碳的浓度与呼吸时间所引起的症状见表10-2。

一氧化碳的浓度与呼吸时间所引起的症状                                    表10-2

| CO浓度（％） | 时间 | 症状 |
| --- | --- | --- |
| 0.4以上 | 30min | 死亡 |
| 0.3 | 30min | 死亡 |
| 0.2 | 30min | 危险 |
| 0.15 | 1h | 危险 |
| 0.1 | 1h | 呼吸加快、脉搏加快、心悸、头晕、呕吐 |
| 0.07 | 1h | 头痛、心悸、手足麻木 |
| 0.05 | 1h | 头痛、心悸、耳鸣、脸色赤红 |
| 0.03 | 1h | 头重、头痛 |

在火场中，如有人一氧化碳中毒，自身还能呼吸的要使其吸入高浓度的氧气。如呼吸已经停止的，要进行人工呼吸，并送往医院急救。

（2）二氧化碳（$CO_2$）

$CO_2$为完全燃烧产物。它是一种无色、有酸味、溶于水的不燃气体。实际密度是空气密度的 1.52 倍，有轻微毒性。

二氧化碳在常温和 60 个标准大气压下，变为液态。当减去压力即为原状。汽化时，吸热极多，低温可达−78℃，部分还可凝结成雪状的固体，俗称干冰。在消防上，根据二氧化碳的不燃烧性和变态过程中的吸热性，作为灭火剂使用。

（3）氰化氢（HCN）

在高温缺氧的空气中和不完全燃烧状态下，燃烧的尿素树脂、聚丙烯、合成皮革、聚氨酯、聚酰胺等物质，容易产生氰化氢气体，其毒性很强，约是一氧化碳毒性的 20 倍，在人体内，造成氧气的活动丧失，会使人胸口憋闷、疼痛和呼吸困难易致死。因此，火灾时，吸入这种气体的人，应尽快急救输氧，进行彻底治疗。

（4）灰渣

灰渣为不完全燃烧产物。无直接危害人体的毒素。但被人吸入会影响呼吸系统的正常机能。燃烧的氯乙烯、聚氯乙烯苯等物质，容易产生大量的炭渣。火场上，使用湿物蒙住口鼻，防止炭渣吸入，效果良好。

（5）烟雾

烟雾为不完全燃烧产物。它由悬浮在空气中未燃烧的细小颗粒和燃烧分解产物所构成。颗粒直径一般在 $10^{-4} \sim 10^{-7}$cm 之间，大一点的粒子落下来成为烟尘或炭黑。

燃烧物不同，烟雾的颜色也各不相同。烟雾能刺激呼吸道黏膜引起咳嗽和流泪。

在火场上，烟雾不仅会给火灾扑救人员带来困难，而且对被困人员的生命构成威胁。

因为火灾中烟雾的毒性，与烟雾中所包含的其他有毒气体是紧密相关，相互作用的。因此，如被卷进或困进烟雾中，要尽可能保持较低的姿势，避免吸入含一氧化碳较多的空气。

## 10.2 防火的基本措施与灭火的基本方法

1. 防火的基本措施

一切防火的基本措施都是为了控制和消除产生燃烧的三个条件，根据物质燃烧的原理，通常防止火灾发生的措施有四点：

（1）火源的控制和清除，在实际生产和生活中，常见的火源有：

1）生产用火：如加热用火、维修用火，如焊机、喷灯、生产炉等。

2）非生产用火：指与生产无直接关系的烟火，如暖炉、火盆、炉灶、火柴等为了取暖、做饭、焚烧、吸烟等而产生的烟火。

3）火炉：像锅炉、焙烧炉、加热炉、电炉等的烟火或过热状态，都可以引起火灾。

4）干燥装置：用直接火或电加热干燥的装置，比采用蒸汽或热风加热的装置容易着火。

5）烟筒、烟道：由于烟筒或烟道的过热，喷出的火星或火焰都可能引起火灾。

6）电气设备：如配电盘、开关、电路、电动机、电灯、变压器、电热器等电气设备，由于接触不良或绝缘损坏，过负荷等原因引起火灾的情况也比较多。

7）机械设备：由于发动机的发热，机械的冲击、摩擦等发热引起的火灾。如内燃机的排气管、皮带的打滑、接触过紧或轴承过热，以及打棉机、搅拌机中混入钉子、石头等，在皮带和滑轮上产生静电火花都可能引起火灾。

8）自燃：指不依靠外部火源，而依靠物质本身的自燃发热起火的现象。

9）高温表面：指高温的设备和管道表面，与易燃物质和高温表面接触引起火灾。

10）其他火源：如雷击、放电、飞火、静电火花等等。

这些着火源是引起易燃易爆物质燃烧、爆炸的常见点火能源。因此，控制这些火源的使用范围，严格遵守制度，对于防火防爆是十分重要的。通常采取的措施有隔离、控制温度、密封、润滑、接地、防雷、安装防爆灯、防爆装置、设立禁止烟火的标志等等。

（2）控制可燃物和助燃物

根据不同情况采取不同措施。如以难燃或不燃的材料代替易燃或可燃材料；用水泥代替木材建筑房屋；用防火涂料浸涂可燃材料，提高其耐火极限。

对化学危险物的处理，可根据其不同性质采取相应的防火防爆措施。对于有自燃能力的物质：遇空气能自燃的物质、遇水燃烧爆炸的物质等，应采取隔绝空气，防水防潮并采取通风、散热降温等措施，以防止物质自燃和发生爆炸；两种物质相互接触会引起燃烧爆炸的物质不能混存；遇酸、碱能分解爆炸燃烧的物质应防止与酸、碱接触；对机械作用敏感的物质要轻拿轻放；对不稳定的物质，在贮存中应添加稳定剂；对易燃、可燃气体和液体蒸汽要根据其沸点、饱和蒸汽压，考虑容器的耐压强度、储存温度和保温降温措施；液体具有流动性，应设置必要的防护堤；对容易产生静电的物质，应采取防静电措施等等。

另外为了防止易燃气体、液体蒸汽和可燃粉尘与空气构成爆炸性混合物，应该使设备密闭，采取通风置换，惰性介质保护等措施。

（3）生产中工艺参数的安全控制

工业生产中，特别是化工生产中，正确控制各种工艺参数，防止超温、超压和物料跑损等，都是防止火灾爆炸的根本措施。为了严格控制温度应采取除去反应热，防止搅拌中断，正确选择传热介质等措施。投料方面应严格控制投料速度、投料配比、投料顺序，控制原料纯度等，生产过程中"跑"、"冒"、"滴"、"漏"往往导致易燃易爆物质在生产场所的扩散，造成火灾爆炸事故。所以必须采取措施，严防"跑"、"冒"、"滴"、"漏"。

（4）限制燃烧爆炸的扩散蔓延

限制火灾爆炸扩散蔓延的措施是，建筑、生产、工艺、城镇、农村建设从开始设计时就要加以统筹考虑，对于工艺装置的布局、建筑的布局和结构以及防火区域的划分、消防的设施等不仅考虑节省投资，而且要有利于安全，统筹兼顾。如建筑物之间筑防火墙、留防火间距；对危险性较大的设备和装置，应采取分区隔离、露天布置和远距离操纵的方法；安装安全阻火装置，如安全液封、水封井、阻火器、单向阀、阻止阀门、火星熄灭器等阻火设备；装备一定的固定或半固定的灭火设施，以扑救初期火灾。

2. 灭火的基本方法

灭火就是为了破坏已经形成的燃烧条件。根据物质燃烧原理和人们长期同火灾做斗争的实践经验，灭火的基本法有四种：

（1）隔离法

隔离法就是将正在燃烧的物质与未燃烧的物质隔开，中断可燃物质的供给，使火源孤立、火势不致蔓延。如将火源附近的可燃、易燃、易爆和助燃物品搬走；关闭可燃气体、液体管路的阀门，以减少和阻止可燃物质进入燃烧区；设法阻挡流散的液体；拆除与火源毗连的建筑物等。

（2）窒息法

窒息法就是隔绝空气，使可燃物无法获得氧气而停止燃烧。如用不燃或难燃物捂盖燃烧物；用水蒸气或惰性气体灌注容器设备；密闭起火的建筑、设备的孔洞、把不燃的气体或液体喷洒到燃烧物上，或用泡沫灭火器喷射泡沫覆盖燃烧面使之得不到新鲜空气而被窒息等。

（3）冷却法

冷却法就是降低着火物质温度，使之降到燃点以下而停止燃烧。如用水或二氧化碳喷洒到燃烧物上，以降低其温度；或者喷洒在火源附近的物体上，使其不形成新的火点。

（4）抑制法

抑制法就是将有抑制作用的灭火剂（负催化剂）喷射到燃烧区后，参加到反应过程中去，使燃烧反应过程中产生的游离基消失，使反应终止，从而达到灭火的目的。

为了迅速灭火，以上几种方法往往同时使用。隔离法、窒息法和冷却法为物理的灭火方法，灭火时其灭火剂不参与燃烧反应；抑制法为化学的灭火方法，灭火时灭火剂（干粉）参与抑制反应，生成游离基，抑制燃烧链式传递。

## 10.3　灭火剂与灭火器

1. 水

水是资源丰富、价格低廉的灭火剂。水在灭火过程中受热蒸发成水蒸气时，需要吸取大量的热量，能促使燃烧物温度降低到燃烧点以下。同时，产生的大量水蒸气是一种不燃气体，它在燃烧区内可以稀释可燃气体浓度，形成一种不能着火的混合物，它还能防止空气中氧的供给，抑制燃烧，达到灭火的目的。据试验，双级离心喷雾头喷嘴压力保持 $5.7kg/cm^2$，流量为 $30\sim35m^3/h$，水滴细度 10mm 以下，灭火效果较好。水可以用来扑救大多数建筑物，库房和一般商品发生的火灾，但是水能导电，不适用于扑救电气装置和一些遇水能起剧烈化学反应而导致燃烧、爆炸、形成毒气、腐蚀的危险物品。如金属钾、钠、镁、电石、保险粉、锌粉、五氧化二磷等都不能用水扑救。对于一些密度较轻、又不溶于水的易燃液体，如油漆、乙醚松香水、香蕉水、松节油及汽车用的燃料油等引起的火灾以及精密器材引起的火灾不能用水扑救。

2. 泡沫灭火器

（1）用途与构造

泡沫灭火器主要用来扑救油类、可燃液体和可燃固体物质的初期火灾。泡沫灭火器有手提式和推车式两种。

手提式泡沫灭火器，筒身用钢板滚压焊接而成，筒体内有用玻璃或工程塑料制成的瓶胆，瓶胆上有支架。筒盖用钢板或塑料压制，筒盖上有一喷嘴，用螺母或丝扣紧固在筒身上。

（2）作用原理和技术性能

手提式泡沫灭火器瓶胆内装有硫酸铝与水溶解成的酸性液，筒体内装有碳酸氢钠和发泡剂与水溶解成的碱性溶液。

使用时将灭火器筒盖朝下，使瓶胆内的药液与筒体里的液体混合发生化学反应，产生化学泡沫，筒体内产生很大的压力，泡沫便从筒盖喷嘴处喷出。

手提式泡沫灭火器筒体容量 10L，射程最远可达 10m，喷射时间约 1min，可产生 70L 泡沫，喷出的泡沫在 30min 内消失不超过 50%。

（3）使用方法及注意事项

1）携带泡沫灭火器到火场的途中，一定不能将灭火器倾斜或颠倒，防止两种溶液混合。有的人在灭火时心情急切，觉得拎着跑不快，干脆扛在肩上，结果药液混合了，还未到达火场泡沫就喷射出来而失去了作用。

2）如果泡沫灭火器颠倒过来后，泡沫喷射不出来，可将灭火器平放在地面上（注意筒盖和筒底不要对着人，防止因压力增大后，筒底筒盖爆破伤人），可用丝线之类的东西捅通喷嘴，切不可在此时用工具打开筒盖，因为筒盖上的螺母稍一松动筒盖便会飞出伤人。

3）用泡沫灭火器扑救容器内的易燃液体火灾时，应将泡沫喷射在容器内壁上，如果面积不到 2m²，可沿容器内壁转着喷射，让泡沫平稳地覆盖在液面上，这样灭火效果较好。

4）用泡沫灭火器扑救固体物质火灾时，要靠近火源，对准燃烧物体依次喷射，如果东喷一下，西喷一下，结果会因喷出去的泡沫数量少而不能熄灭火焰。

5）使用泡沫灭火器扑救容器内的可燃液体火灾时，不要同时使用水流，否则会破坏泡沫的覆盖作用。

6）水溶性液体（如酒精等）的火灾，不宜用泡沫灭火器扑救。因这类可燃液体能溶解泡沫中的水。

3. 酸碱灭火器

（1）用途与构造

酸碱灭火器用来扑救一般固体物质（纤维物质）的小面积初期火灾，切忌用它来扑救油类、易燃液体和电气火灾。

酸碱灭火器的种类很多，主要介绍手提式酸碱灭火器。

手提式酸碱灭火器与手提式泡沫灭火器在构造上基本相同。手提式酸碱灭火器的瓶胆很小，用瓶类挂在筒盖下边，瓶胆内盛装硝酸液，瓶胆上有个铅塞，用来盖住瓶口，防止瓶内硝酸吸水稀释或同药液混合。

（2）作用原理和技术性能

手提式酸碱灭火器筒体内装有碳酸氢钠和水溶解成的碱性药液，瓶胆内装有硝酸，将筒盖朝下，硝酸便和碱性药液混合，发生化学反应，产生二氧化碳气体，使筒体内压力骤然增大，药液便从喷嘴处喷出。

手提酸碱灭火器的筒体容量为 10L，在气温 20℃时，药液喷射最远点可达 12m，喷射时间 40～50s。

（3）使用方法

手提式酸碱灭火器的使用方法，可参看手提式泡沫灭火器的使用方法。在扑救垂直燃烧面的火源时，要从上往下喷射，不要分散射流。

4. 二氧化碳灭火器

（1）用途与构造

二氧化碳灭火器用来扑救档案资料、贵重设备、精密仪器、电气设备、忌水物质和可燃液体的初期火灾。手提式二氧化碳灭火器有钢瓶、开关、喷筒、虹吸管和手柄构成。装二氧化碳的钢瓶用无缝钢管制造。开关用来控制喷射气体，喷筒是由钢管和橡胶喇叭组成，用来喷射二氧化碳，虹吸管安装在钢瓶内，其下端断面为30°切口，距瓶底不大于4mm。开关旁边装有磷铜片制成的安全片，当温度达到50℃或钢瓶内压力超过180kg/$cm^2$时，安全片自行破裂，将瓶内气体放出，防止钢瓶爆裂。

二氧化碳灭火器有手提式和推车式两种。

（2）作用原理和技术性能

二氧化碳气体经压缩灌入钢瓶以液态存放，扑救火灾时将开关打开，液态的二氧化碳便由虹吸管进入喷筒，由于液态二氧化碳从钢瓶喷出后，压力迅速下降而汽化，又变成气态二氧化碳。

二氧化碳汽化时，具有大量吸收热的功能（1kg 二氧化碳汽化时，能吸收 138kcal 热量），由于大量的吸热，使喷出的二氧化碳气体周围温度骤然下降，最低温度可下降到$-78.5℃$，在实际使用中，我们可以看到喷筒处结有冰霜，由于二氧化碳具有吸热降温、稀释空气和比空气重的性能，所以在灭火中，便能冷却燃烧物质，冲淡燃烧区的空气含氧量，覆盖在燃烧物质表面起隔绝空气的作用，从而达到灭火的效果。二氧化碳还可带电灭600V 以内电压的火灾。

手提式二氧化碳灭火器有 2kg、3kg、5kg、7kg。2kg 的灭火器，喷射时间不超过20s，在20℃时，射程可达 1.4m，5kg 的灭火器，喷射时间不超过 45s，射程可达 2.2m。灭火器喷射过后，燃烧物表面不留任何痕迹，因为二氧化碳气体汽化扩散到空气中了。

（3）使用方法

将手提式二氧化碳灭火器提到火场后，应选择好适当距离和方向，一手握住喷筒对准火源，另一手向左拧开开关，二氧化碳即可喷出，如果是鸭嘴式开关，可用手拔去保险销，然后握住喷筒，另一只手将上面的鸭嘴向下压，二氧化碳即从喷嘴喷出。

扑救火灾时要全开阀门，连续喷射，防止燃烧物复燃，在不通风的地方，使用二氧化碳灭火器后，必须及时通风或离开现场。

5. 卤代烷灭火器

目前使用的卤代烷灭火剂有二氟一氯一溴甲烷（1211）、二氟二溴甲烷（1202）、三氟一溴甲烷（1301）、溴氯甲烷（1011）、四氟二溴乙烷（2402）。现仅介绍一下二氟一氯一溴甲烷（1211）灭火器。

（1）用途与构造

1211 灭火器适用于扑救油类、可燃液体、可燃气体、高压电气设备、精密仪器、档案资料和贵重设备的小面积初期火灾。

1211 灭火器有手提式和推车式两种。

手提式 1211 灭火器，由筒身（钢板焊接成的钢瓶）、筒盖、喷嘴、阀门、安全销、虹吸管等组成。由于产地不同，规格和型号不一样，构造也不完全相同。

（2）作用和原理

1211 灭火器在氮气压力下灌进灭火器钢瓶内，成为储压式液化气体，使用时，将阀门打开，钢瓶内的液态 1211 灭火剂呈气态喷射出来，1211 灭火剂喷射到燃烧区时，参与到燃烧反应过程中，中和游离基，抑制连锁反应，使燃烧停止。

手提式 1211 灭火器的技术性能为：1kg 灌装药剂，射程 3m，喷射时间 10～20s；2kg 灌装药剂，射程为 3m，喷射时间 12～14s；4kg 灌装药剂，射程 4.5m，喷射时间 14～16s。都可以在 −40～50℃的范围内使用。

（3）使用方法

1）在扑救火灾时，手提灭火器，将喷嘴对准火源，选择好适当的风向和距离，用手紧握压把，阀门即被打开，气体便喷向火源。如果阀门有安全销，先将安全销拔掉，然后再压把手。

2）1211 灭火器使用时要平放不要颠倒，应垂直喷射，尽量使喷出的气体对准火源，并向火源边缘左右快速喷射。与此同时还要快速向前推进。由于钢瓶内储罐的气体只能使用很短的时间，因此要防止火焰复燃。在扑救零散的小面积燃烧火灾时，应控制好阀门，对准一个燃烧物开启一下阀门，火一经熄灭，即迅速关上，再对准第二个燃烧物照此法进行，这样可以提高 1211 灭火器的灭火效能。

6. 干粉灭火器

（1）用途与构造

干粉灭火器用来扑救易燃、可燃液体、高压电气和可燃固体物质的小面积初期火灾。手提式干粉灭火器，有进气管、出粉管、二氧化碳钢瓶、筒身与钢瓶的紧固螺母、提柄、干粉筒身、胶管、喷嘴、提环等组成。

干粉灭火器筒身由钢板焊接而成。手提式干粉灭火器分外装式和内装式两种。内装式就是二氧化碳钢瓶装在干粉筒身内。还有一种推车干粉灭火器。

（2）作用性能和技术原理

干粉灭火器筒身内装有化学灭火粉，筒体外部装有二氧化碳钢瓶，使用时将二氧化碳钢瓶打开，气体立即由进气管进入筒身内迅速膨胀，并与干粉混合，将干粉从粉管喷出，喷出的干粉形成浓云般的粉雾，覆盖燃烧面，使燃烧的链式反应终止。同时由于干粉颗粒细微，能阻隔热辐射，并受热分解，析出惰性气体，可防止空气中的氧向火焰继续流入，从而使燃烧停止。

手提式外装干粉灭火器，筒内可装干粉 8kg，在常温下它的喷粉时间不超过 20s，喷射距离 4～5m，可扑救 3m$^2$ 左右的油类火灾，可在 −10～45℃的温度范围内使用，二氧化碳充气量为 200g。

（3）使用方法

1）使用手提式外装式干粉灭火器时，将灭火器提到距火源适当的距离，并注意选择好风向，头朝上平放于地面上，一手握喷嘴，对准火源，另一只手向上提起钢瓶上的提环，钢瓶内的气体立即进入筒身内，在气体压力作用下干粉经喷嘴射出。

2）喷粉时，手要握住喷嘴对准火源水平喷射，左右晃动，快速推进，由于灭火器喷射时间短，要防止火焰复燃。

3）使用干粉灭火器之前，最好将灭火器颠倒过来上下晃动，使沉积的干粉混合均匀，这样喷射效果更好。

7. 固体物质灭火剂

固体物质灭火剂，是指不燃性的，有一定形状的，具有灭火能力的一些固体物质。如黄沙、消防石棉被等。且以黄沙最为便宜以及来源较为丰富，使用也最为普遍。它可以扑灭小量易燃液体和某些不宜用水扑救的化学物品的火灾。但不能用它捂盖爆炸物品，以免引起爆炸。也不能用它扑救大范围的镁合金火灾，因为黄沙的成分主要是二氧化硅，它能与燃烧的镁反应，放出大量的热，促使镁的进一步燃烧。

## 10.4　消防给水设施的安全管理措施

1. 绘制消防平面图

（1）消防平面图应标出消防水源的位置，包括给水管网的管径、水压情况、消防水池位置、取水设施、容量及取水方式等。

（2）室内外消火栓的位置和类型。

（3）消防给水管网阀门的布置。

（4）可通消防车的交通路线（标出双行道、单行道以及路面情况）。

（5）单位内及临近单位消防队的位置。

（6）消防重点保卫部位的位置、性质和名称。

（7）常年主导风向和方位。

2. 消防给水设施的维护保养和检查

（1）消防水泵及给水系统（包括喷淋系统）要定期启动运行，以保证设备设施完好，随时可投入使用。

（2）消防给水管道系统平时要处于带压工作状态，以备突发事件时及时供水，防止事故的发生。

（3）每月或重大节假日前，必须对消防设施进行一次检查，发现设施损坏要及时更换新件。

（4）消防设施（水泵、给水管道、消火栓、水雾喷头和水枪等）要定期进行维护保养。

3. 干粉灭火器安全管理

（1）灭火器应放置在阴凉、干燥、通风处，环境温度在－5～45℃为好。

（2）灭火器应避免在高温、潮湿等场合使用。

（3）每隔半年应检查干粉是否结块。

（4）灭火器一经开启后，必须进行再充装，每次再充装前或是灭火器出厂三年后，则应进行水压试验。

（5）推车式干粉灭火器维护时，应检查车架、车轮是否灵活，检查是否粘连、破损等。

## 10.5　燃气对人体的毒害与预防方法

1. 燃气对人体的毒害

（1）人工煤气的毒性和防止中毒的方法

人工煤气是可燃气体和惰性气体的混合物。煤气中毒主要是指含一氧化碳的人工煤气所引起的急性中毒。它比空气中含有浓度较高的液化石油气或天然气引起麻醉、窒息的毒害严重得多。

一氧化碳为无色无味的气体，当人们呼吸时，这种气体通过呼吸道时并不引起任何病变。但通过肺部进入血液，即与血红球蛋白结合，产生碳氧血红蛋白。一氧化碳与血红蛋白的亲和力，比氧气与血红蛋白的亲和力大210倍以上。所以一经吸入，一氧化碳便和氧争夺与血红蛋白的结合。假定吸收的一氧化碳量为空气含氧的1/210，即能形成碳氧血红蛋白与氧血红蛋白相等的情况。这时空气中的一氧化碳含量仅为0.21/210（0.21为氧在空气中所占体积），即1/1000，碳氧血红蛋白不能负起运送氧的任务。于是机体组织缺氧，缺氧到一定程度，便引起死亡。不同浓度的一氧化碳中毒症状，见表10-3。

**不同浓度的一氧化碳中毒症状**  表10-3

| 空气中一氧化碳含量（mg/L） | 呼吸时间（h） | 碳氧血红蛋白（%） | 症状 |
| --- | --- | --- | --- |
| 0.23~0.34 | 5~6 | 20~30 | 头痛，颈部搏动，运动时有心悸 |
| 0.46~0.69 | 4~5 | 36~41 | 剧烈头痛，无力，晕眩，视力模糊，思想迟钝，呕吐，有虚脱及晕厥 |
| 0.8~1.15 | 3~4 | 47~53 | 呼吸加快，脉搏加快，常有虚脱及晕厥 |
| 1.26~1.71 | 3~4 | 55~60 | 中毒性呼吸困难，惊厥，昏迷 |
| 1.84~2.3 | 3~4 | 61~63 | 上述症状加剧，间歇惊厥昏迷 |
| 2.3~3.4 | 3~4 | 64~68 | 呼吸与脉搏变弱，心脏受压抑可能死亡 |
| 3.4~5.7 | 3~4 | 68~73 | 脉搏进一步减弱，呼吸变慢，可能死亡 |
| 5.7~11.5 | 3~4 | 73~76 | 脉搏微弱，呼吸衰竭，很快死亡 |

发现有一氧化碳中毒时，应立即打开门窗，并将中毒的人移到空气流通的地方，解开衣服。如呼吸有衰竭现象，应进行人工呼吸。如果未见自发的呼吸，应将人工呼吸持续数小时直到自发呼吸出现为止。停止吸入一氧化碳后，最初一小时内约可排出一氧化碳的50%。但碳氧血红蛋白全部离解则需要几个小时甚至一昼夜以上。使患者吸入高压氧（2kg/cm²）或内含5%二氧化碳的氧，对加速驱除血液中的一氧化碳有明显作用。

一氧化碳中毒严重时，会使脑细胞受损，造成智力减退、轻瘫等疾病。但一般轻度中毒不会留后遗症。

防止一氧化碳中毒最主要的是防止煤气泄漏。对此，必须特别警惕，尤其是每晚睡觉前，应检查厨房、卧室是否有煤气味，同时检查气嘴是否关闭严密。

通常发生漏气情况，事先都能有所察觉，如出现头痛、恶心等。所以，对事先察觉的征兆决不可忽视。

（2）天然气和液化石油气的毒性和防止中毒的方法

天然气的主要成分是甲烷，液化石油气的主要成分是丙烷、丁烷、丙烯、丁烯。这两种气源本身是无毒的。一般来说，天然气进入长输干线前是经过净化处理的，其中的含硫量是合乎质量标准的，故人们在使用中可以不用担心它的危害，值得警惕的是天然气和液化石油气燃烧不完全时所产生的一氧化碳，决不能低估一氧化碳对人体的危害。

如果天然气和液化石油气漏气到房间，即使没有火花产生爆炸，也能驱赶空气，使房间里的含氧量减少，严重时也可使人窒息死亡。例如：1983年1月，某单位一职工躺在床上看书，用天然气取暖。由于门窗关闭较严，室内空气中氧气逐渐减少，天然气灶具由完全燃烧变成不完全燃烧，烟气中一氧化碳增多，使该职工中毒，天明时昏迷不醒，被发现后立即送入医院急救，住院数月，虽死里逃生，但却大脑受损，造成终身残疾。又如：1975年3月，某炼油厂生活区一职工用液化石油气取暖，虽然已把炉具放进炉筒中，安装了烟囱，但由于烟道管太长，烟道全部堵死，加上火焰调节不好，燃烧不完全，大量一氧化碳积存在室内，造成夫妻及幼女急性中毒死亡。

在使用天然气和液化石油气时，除预防漏气外，如发现燃烧不完全应及时调节风门，使其呈蓝色火焰。平时做饭时厨房应通风良好，保证室内有足够的氧气。

2. 保持厨房里空气新鲜

平时在使用燃气时，当燃气燃烧后要产生大量的烟气，尤其是烹饪时，还会产生油烟、水蒸气。燃气不完全燃烧时，还会产生一氧化碳，厨房通风不好，既影响人身健康，又影响厨房卫生。因此，使用燃气的房间一定要注意通风，把燃烧产物驱赶到室外去。方法是：尽可能利用窗户进行通风。天气寒冷时，门窗不宜大开，可以在窗户上方装一个风斗，还可以在灶具上安装一个烟罩。排烟罩外形像截去顶部的金字塔，用薄铁皮做成，上面接普通煤炉用烟囱作为排烟道。排烟罩的底边长约80cm，宽约50cm，高约30cm。为了便于收集烟气，下面再接上约5cm宽的垂边。排烟罩置放于灶具正上方80～100cm处，不妨碍烹饪操作即可。如在厨房安装排风扇或抽油烟机，则效果更好。现在市场出售的几种规格的家用排风扇，具有风量大、耗电小、造型美观、价格低廉、安装使用方便等优点。

# 10.6　防止燃气爆炸及火灾事故

燃气与空气混合以后，如果两者达到一定的比例，就会形成有爆炸危险的混合气体。一遇火源就会发生具有破坏力的爆炸和火灾。一旦事故发生，将给用户带来无法估量的损失。

爆炸与燃烧都是剧烈的化学反应过程，但两者的反应速度和强度有极大的差别。爆炸可以解释为瞬息发生的反应，其反应速度之快，是以千分之几秒，乃至万分之几秒计算。爆炸一般分为敞露式混合爆炸和密闭容器内混合爆炸两种类型。前者多发生在室内，当燃气泄漏以后，经过较长时间的扩散挥发，与空气形成爆炸性混合物，遇到火源立即爆炸，室内突发火团，伴有巨响，门窗破裂，物品遭强震会破裂，甚至可掀翻屋顶，摧毁设备，折弯管道，往往同时伴有火灾发生。密闭容器内爆炸时，容器裂成碎片四处飞射，伴有声光，有很强的破坏力，威力同炸弹。爆炸的瞬间产生热和光，温度高达2000～3000℃的热气浪。由于在瞬间产生温度很高的燃烧产物，其体积大约是爆炸前混合气体体积的千百倍，所以，爆炸的破坏力是很强的。例如，10%的甲烷与空气的混合气体在爆炸的一瞬间，爆炸中心位置会产生0.75MPa的短时间的高压热气浪；9.5%的丙烷与空气的混合物，爆炸中心可产生0.95MPa的热气浪。一般情况下，在爆炸的同时会发生火灾。这是由于爆炸时产生的高压高温热气浪引燃了事故发生地的可燃物品。因此，燃气与空气混合物引起的爆炸事故，给人们带来极大的威胁和灾难，必须引起人们的高度警惕，千万不可疏忽大意。

1. 发生燃气爆炸及火灾事故的原因

发生燃气爆炸及火灾事故的原因：

（1）由于室内管道的施工质量或燃气用具质量差而造成漏气而引起的。

（2）由于管道接头、阀门、调压阀及燃具等久用失修造成漏气而引起的。

（3）由于用户使用不当或误操作造成的漏气引起的。用户因使用不当造成的事故屡见不鲜。

不懂得或不熟悉燃具的使用方法，不了解调压阀的旋转方向或控制燃烧器。例如，某人欲打开炊事用的燃气阀，却误把烤箱的燃气阀门打开，未仔细检查就匆匆离去，就会造成大量燃气泄漏。

使用燃具不够专心，点着火后便去做别的事情，而水壶、粥锅、奶锅等器皿内的水、粥、奶之类的物品烧开后溢出器皿外，把火焰浇灭，而使大量的燃气放散到室内。

在点燃灶具时，燃气阀已开启而燃烧器未点着火，误认为已点着火而离去。

只使用燃具，不注意保养和维修，造成燃气阀缺油、无油或锁紧螺母松动，引起漏气。

用户已发现漏气事故，但由于处理不及时或处理方法不妥，而引起爆炸或火灾。

使用液化石油气的用户，当钢瓶使用时间长，没有定期检漏，致使发生锈蚀漏气而又不被发现；擅自处理残液，因液化石油气残液在常压下容易挥发，如擅自处理残液就容易造成火灾；调压阀损坏或未拧紧，使燃具未点燃，高压气先着火，就容易发生爆炸事故；不注意把调压阀呼吸孔堵塞，呼吸孔堵塞会破坏减压特性，使高压气送出；胶管老化，接口处密封不严，使液化石油气泄漏出来；用户自己改装燃具，拆卸后密封不良或破坏了原来设计合理的部件，造成燃具漏气等等。这些都是引发爆炸与火灾的隐患。

2. 燃气爆炸及火灾事故的预防

应保证全部燃气管路、管接头及燃具的严密性，消除一切泄漏燃气的隐患。

应及时发现、控制和排除漏气事故。如果已经发现了漏气现象，不要惊慌失措，要冷静地处理事故，措施是立即关闭燃气总阀，打开漏气房间的门窗，并关闭邻近房间的门窗，以防止爆炸气体蔓延。并且严禁带入火种和照明设备，切忌开、关电灯、电扇及其他电器，已开着的电灯也不要关闭，以免引起电火花。不允许穿着带钉子或铁掌的鞋子进入事故房间，以免发生火花，引起爆炸或火灾。为了加快室内的空气对流，降低室内燃气浓度，可以用扇子和扫帚等工具向室外驱散燃气。发现漏气时，应立即熄灭附近一切明火。必要时，切断供气气源和建筑物内的电源。

同一房间内禁止同时使用煤炉和燃气器具。

在装有燃气管道和燃具的房间，应设有足够面积的向外开启的窗口、防爆门，一旦发生爆炸事故时，这些开口处可起到泄压、泄爆的作用，以减少爆炸时的损失。

经常用肥皂水或其他方法检查和管理燃具接头、旋塞阀和煤气表等。在装有燃气管路和燃具的房间内，应装设与房内燃气种类相同的燃气报警器，以预防事故发生。

## 10.7 液化石油气设备的常见故障及处理方法

液化石油气设备出现故障后。如果钢瓶、角阀、调压阀发生故障，应送交燃气供应站处理，用户不得自行处理；如灶具发生故障，有条件的用户可自行处理，否则应送到燃气供应站维修。液化石油气设备常见故障及处理方法，见表 10-4 所列。

液化石油气设备常见故障及处理方法 表 10-4

| 常见故障 | 故障原因 | 处理方法 |
|---|---|---|
| 漏气 | ①调压阀前端密封胶圈老化、开裂、损坏或丢失 | 到燃气供应站购买更换专用新密封胶圈 |
| | ②调压阀没上紧 | 用手拧紧至上下不动 |
| | ③调压阀与角阀丝扣不匹配 | 送燃气供应站调换，严禁凑合使用 |
| | ④钢瓶或角阀损坏 | 送燃气供应站调换 |
| | ⑤调压阀膜片损坏 | 送修 |
| | ⑥胶管损坏或老化 | 更换新胶管 |
| | ⑦胶管与调压阀、灶具连接不当 | 装好胶管，用铁丝捆紧，或用管夹拧紧 |
| | ⑧灶具接头丝扣不严 | 更换填料、上紧丝扣 |
| | ⑨开关旋塞阀的芯子不严 | 送燃气供应站维修，用户也可拆下加油 |
| 开关拧不动 | ①开关旋塞阀的芯子中润油干了 | 加润滑油 |
| | ②开关旋钮、连杆、转芯门不在同一轴线上 | 调正相互位置 |
| 不出气 | ①液化石油气用完了 | 换气 |
| | ②残液太多 | 换气 |
| | ③喷嘴堵塞 | 用钢丝捅堵 |
| | ④胶管受挤压 | 消除挤压现象 |
| | ⑤调压阀通道堵塞 | 送修 |
| | ⑥角阀坏了无法开启 | 送燃气供应站调换 |
| 小火 | ①喷嘴口内有污物 | 用钢丝捅堵 |
| | ②胶管受挤压 | 消除挤压现象 |
| | ③液化石油气质量不好 | 换气 |
| | ④调压阀出口压力太低 | 送修 |
| 黄焰 | ①风口开得太小 | 调大风门 |
| | ②喷嘴口径太大 | 用小锤把口敲小 |
| | ③燃烧器混合管内有污物 | 消除污物 |
| | ④液化石油气质量不好 | 换气 |
| | ⑤开关旋塞阀等漏气后又被吸入燃烧器 | 排除漏气 |
| | ⑥混合管与喷嘴不在同一轴线上 | 摆正燃烧器 |
| 脱火 | ①风门开得太大 | 调小风门 |
| | ②部分火孔被污物堵塞 | 消除污物 |
| | ③调压阀呼吸孔被污物堵住，出口压力太高 | 消除污物或送修 |

续表

| 常见故障 | 故障原因 | 处理方法 |
|---|---|---|
| 回火 | ①喷嘴口内有污物 | 用钢丝捅堵 |
| | ②胶管内有空气 | 用气赶走空气再点火 |
| | ③开关开启太慢 | 迅速开启开关 |
| | ④胶管受挤压 | 排除挤压现象 |
| | ⑤调压阀出口压力太低 | 送修 |
| | ⑥液化石油气质量不好 | 换气 |

例如：灶具开关漏气，是因为转芯门润滑油干涸或耗尽，排出方法是：先将胶木挡板及连同旋钮一起卸下，然后将转芯取出（注意不要将转芯里面的弹簧和后面的垫圈、卡子等小零件丢失）。转芯取出后，先用干软布擦干净，再在其表面薄薄地抹一层油或密封油。油要抹的均匀，不要把气孔堵住。然后重新装好转芯。一定要注意不要将两个转芯相互插错位置。灶具出厂时每套转芯都是配套研磨好的，一旦插错就容易漏气。转芯加油后不仅解决了漏气问题，还可以使开关转动灵活，使用方便。

## 10.8  燃气设备的常见故障及处理方法

管道燃气设备的常见故障及处理方法，见表 10-5 所列。

管道燃气设备的常见故障及处理方法 表 10-5

| 常见故障 | 故障原因 | 处理方法 |
|---|---|---|
| 漏气 | ①管路中各种接头填料或垫圈损坏 | 报修 |
| | ②管道被腐蚀穿孔 | 报修 |
| | ③气表损坏 | 报修 |
| | ④连接软管老化或损坏 | 更换软管 |
| | ⑤灶具旋塞阀芯子不严 | 加润滑油或密封油 |
| | ⑥软管两段连接不当 | 装好软管、用铁丝捆紧 |
| | ⑦气表前阀门（总阀门）填料损坏 | 报修或换填料 |
| 小火出不来气 | ①管道堵塞 | 报修 |
| | ②调压器出口压力低 | 报修 |
| | ③气表坏了不通气 | 报修 |
| | ④总阀门卡坏了打不开 | 报修 |
| | ⑤软管受挤压 | 消除挤压现象 |
| | ⑥喷嘴堵塞 | 用钢丝捅堵 |

续表

| 常见故障 | 故障原因 | 处理方法 |
|---|---|---|
| 黄焰 | ①风门开得太小 | 开大风门 |
| | ②喷嘴口径太小 | 用小榔头把口径敲大 |
| | ③燃烧器喉管内有污物 | 消除污物 |
| | ④灶具旋塞阀芯子漏气后又被吸入燃烧器 | 排除漏气 |
| | ⑤喉管与喷嘴没对正 | 摆正燃烧器 |
| | ⑥燃烧器火盖不配套 | 更换火盖 |
| 脱火 | ①风门开得太大 | 关小风门 |
| | ②部分火孔堵塞 | 清除污物 |
| | ③外部风大 | 灶具上加挡火圈 |
| | ④调压器出口压力太高 | 报修 |
| 回火 | ①喷嘴内有污物 | 用钢丝捅堵 |
| | ②灶具旋塞阀开启动作太慢 | 迅速开启 |
| | ③燃烧器火盖不平 | 更换火盖 |
| | ④软管受挤压 | 消除挤压现象 |
| | ⑤气表损坏阻力太大 | 报修 |
| | ⑥管道阻力太大 | 报修 |
| | ⑦调压器出口压力太低 | 报修 |
| 旋塞阀拧不动 | ①旋塞芯子中润滑油干涸 | 加润滑油 |
| | ②安装不正 | 重新调整至平整 |
| 气表不走字 | 皮膜或其他部件损坏 | 报修 |
| 气表有杂音 | 表内零件松动 | 报修 |

## 10.9 事故分析与预防措施

1. 使用燃气热水器不当起火及伤人

（1）热水器安装不当致人伤亡

①某用户把热水器安装在不到 6m² 的卫生间里，把后阳台封起来作为浴室，燃气热水器的烟道没有装，用户洗澡时不足半小时，就因一氧化碳中毒死亡。

②某用户购买了一台烟道式燃气热水器，将其安装在客厅里，一家五口人，关闭门窗，先后轮流洗澡后，即开卧室门睡觉，深夜感觉无力、口渴、爬不起来，第二天早晨，丈夫起来后，发现其他人均不能动了，女儿已停止呼吸，余人送医院输氧 3 日，方脱险。

③某院校集体宿舍，冬季使用一台烟道式燃气热水器，该热水器装在厨房间，但没有

装烟道，集体宿舍 6 人同时洗浴，热水器废气从厨房进入卧室，致使 6 人深度昏迷，因发现较早，及时送至医院没有酿成大祸。同样，还有因燃气热水器未安装烟道就洗浴，造成 5 人中毒死亡的事故。

④某用户私装燃气热水器，将燃气管包入墙内，因燃气管接头漏气，燃气沿墙缝进入楼上住户的厨房后，又扩散至其卧室，致使楼上住户产生严重的中毒现象。

⑤某用户安装燃气热水器时，与燃气灶具三通安装了一个气阀门开关，因小孩子洗浴先打开了灶具阀门开关，又打开了热水器燃气开关，导致燃气大量排泄，引起爆炸，使厨房受损严重。

(2) 热水器使用不当起火或中毒

①某用户在使用热水器时，将浴室内浴霸排气扇错开，由排气改为吸气，使燃烧排出的废气吸入浴室，导致当事人及女儿中毒。

②某用户安装一台烟道式热水器，没有装烟道，使用一年后，某日使用时，热水器防干烧装置失灵，停水后没有看热水器熄灭就离开出门了，结果厨房被烧，损失严重。

以上几例安装和使用燃气热水器出现的事故，均说明安装者没按规定要求安装热水器，或没装烟道，或安装地点不正确；使用者没有按要求保持居室内通风。

(3) 使用不合格燃气热水器致人中毒死亡

某用户新购一台热水器安装使用不足半年时间，母女俩洗澡时，关闭卫生间门及厨房门，洗了约 30min，母亲中毒身亡，女儿经抢救脱险。事后经调查，使用的是一台不合格的燃气热水器，燃烧时，一氧化碳严重超标，故使其中毒。

2. 液化石油气事故案例分析

(1) 调压阀未拧紧造成漏气着火

①某用户新购燃气灶具，不懂使用方法，又急于点火使用。结果因调压阀连接不紧，造成漏气着火。失火后，因害怕气瓶爆炸，不敢关角阀阀门，于是用棉被捂住漏气处，致使厨房、灶具被烧毁，一人手、脸烧伤，两个小孩险些被烧死。

②某用户在燃气站换气后，拧上调压阀，不用肥皂水试漏就点火使用，在开启气瓶开关时，灶具和气瓶上方突然同时着火，用户大惊，立即想到应关气瓶阀门。但慌乱中，反把阀门开大，火势更旺，待其子继续关阀门时，已难于施行。无奈之下，只好用毛毯、雨衣、棉被捂住，但均未奏效。后来，经消防队扑救，方才灭火。火灾现场分析，气瓶本身无跑冒、漏气部位，造成着火的原因就是调压阀与气瓶角阀连接时，少拧了两扣。着火后，又忘记气瓶关闭方向导致火势扩大。

(2) 液化石油气瓶自身漏气着火是不会爆破的。其原因有三点：

①不论气瓶何部位漏气着火，均属于稳定式燃烧，即漏出多少气，就烧掉多少气，火焰方向不变，燃烧范围也不变，绝不会突然增大火势或改变方向。它只不过是比炉灶正常燃烧的火焰大一些而已。

②气瓶内液化石油气饱和蒸汽压力约 8kg 左右，气瓶外空气压力为 1 个大气压，瓶内压力大于外界空气压力，由于气瓶在灌装液化石油气前，瓶内空气已基本排除，不存在着火所需的助燃物（空气中的氧），因此，火焰不会回火到瓶内。

③因为火焰温度的 90% 以上是向上空辐射的，向下辐射给气瓶的温度极小，因此，瓶内的压力不会上升很大。所以说，气瓶漏气着火是不会引起钢瓶自身爆破的。

只不过有些用户对气瓶漏气着火存在着恐惧心理，一发生事故就慌了手脚，忘记了简易灭火法，抱着着火的气瓶往外跑，造成烧伤；有的把气瓶拉倒往外踢，使得瓶内液体流出。液体流出后，就会立即变成250倍的气体，扩大火势，引燃周围的可燃物，给扑救火灾带来极大困难，加重火灾损失。

当然，如果外界的火源或温度给气瓶不断加热，就会使气瓶内压力不断升高，致使气瓶破裂。所以，对气瓶不要用开水浇烫，不要直接烧烤，不要在太阳下持续曝晒，不要靠近炉火。一旦发生着火，应立即把气瓶转移到安全地方，防止发生爆破，扩大火势。

（3）操作不当造成漏气着火

某用户，换气回来未连接调压阀就离家上班去了，中午其母做饭时，未检查气瓶与灶具是否连接，就划着火柴打开气瓶阀门，气体直接从瓶口高压喷出，瞬间起火。其母慌乱中又将气瓶拖倒造成液体流出扩大了火势，幸亏过路人出手相助，帮助灭火，才未酿成火灾。究其原因，就是麻痹大意。

（4）调压阀胶圈丢失或损坏造成漏气着火

某用户换气回来后，没有马上使用，晚6点半其子仓促安装调压阀后，急于外出，未做任何检查。七点钟，家人做饭点火时着火，慌乱扑救时将气瓶拖倒，以致液体流出迅速气化，加大了火势，又引燃了其他物品起火，加热了钢瓶，几分钟后钢瓶爆破，房屋倒塌。火灾现场分析，发现角阀口与调压阀处没有密封胶圈，这是这起事故的直接原因。

（5）灶具胶管漏气着火

某用户做饭时，因连接灶具进气管弯头附近的胶管老化漏气起火。遇到这种情况本应关闭气瓶阀门，检查漏气部位长、短，如只是一小段，不影响安全间距，可以把老化部位剪掉，再重新连接并捆扎好继续使用；如果老化较长，就要更换新胶管。但是，该用户见胶管着火惊慌失措，连忙用手扯拉胶管，将气瓶拖倒，致使液体流出，扩大了火势，将手烧伤。后在邻居们的帮助下，将气瓶拉到院外，关闭了气瓶阀门，才避免了一场涉及左邻右舍的火灾事故。

（6）处置措施

遇到漏气着火，首先是不要慌乱，要沉着灭火。然后按照下面介绍的几种简易灭火方法进行扑救，尽快熄灭火焰，减少损失。

①"盖毛巾，关阀门"。发现气瓶漏气着火，立即用一条毛巾或围裙、抹布、手套等，从后向前盖在气瓶护栏上，注意要稳，以防火借风势，然后迅速关闭气瓶阀门，即可断气灭火。

②"使用干粉打火根"。发现钢瓶着火，应立即使用干粉灭火剂，从上向下用力撒向火苗，并立即关闭气瓶阀门。燃气用户平时应备有干粉灭火剂，或干粉灭火器，一旦着火，立即把灭火器开关打开，手拿灭火器，对准火苗的根部喷去，达到灭火目地。

3. 管道燃气事故案例分析

（1）"先气后火"造成爆炸着火

某天然气配气站值班员嗅到有天然气味，便逐屋检查漏气部位，但未查出。其中一人决定关闭压站自用气阀门，准备第二天报修。当他刚要关闭阀门时，另外一人到第二间屋内，站在凳子上用明火试漏，刚一点火，随即产生巨大火球，将他打倒在地，并将门窗玻璃震碎。此时阀门已被关闭，但是值班员身上全是火，造成多处烧伤。这起事故是违反严禁用明火试漏规定造成的恶果。

某厂停电，燃气锅炉停用，当晚上来电后，司炉工准备点火。点火前将引风机启动，排空 5min，开始点火但未点着，司炉工便去调压站调大总阀门，但未将灶前阀门关闭，致使大量天然气泄漏，在第二次点火时，又不按规定对炉体进行吹扫，点火时火舌从炉内窜出并发生爆炸，炉体顶部防爆门及炉顶的轻质材料全部被冲开，气浪将两个司炉工冲倒。

上述事故表明，必须强调严格按照操作规程办事，使用管道气的工厂、食堂、锅炉房，在点火前必须先排风、再点火，防止爆炸性混合气体的形成。特别是不能用明火试漏和开关电灯。

（2）管道灶具漏气着火

某用户发现灶具转芯门有问题，到维修站报修。维修站人员开了报修单约定报修时间，但在维修人员未到时，用户急于做饭，将已折断的转心门用铁丝固定。点火时，转心门失去控制，火苗喷出着火，用户报警，消防人员赶到并关闭表前阀门，断气灭火，才未造成损失。

某用户用壶烧开水，水沸溢出，将火浇灭，造成跑气，遭遇屋顶电线短路引起爆炸，门窗玻璃损坏。

上述事故说明，发现管道燃气用具有故障，在未经检查维修前凑合使用是绝对不允许的。燃气点火后应有人看管，以防止风吹灭或开水浇灭灶头火，造成跑气酿成火灾事故。

（3）私自拆改管线造成火灾事故

某用户私自从厨房接了一根导管到卧室内，室内有一个取暖的炉灶，用软管连接。由于炉前没有阀门，不用时用子弹头堵上。当天，用户 4 岁小孩将胶管里的子弹头取下来玩，造成天然气跑气。该用户下班回家时，闻到屋内有汽油味，误认为是自己身上沾染了汽油，当拿出打火机点火吸烟时，发生天然气爆炸着火，造成全家四口人严重烧伤。

某单位将办公室借给一名职工及家属临时居住。该职工私自用塑料软管把天然气接到室内取暖。一日晚上给孩子热牛奶后开关未关严，次晨再次给孩子热奶时，刚划着火柴立即引起室内爆炸起火，一家四口人，两人死亡两人烧伤。

（4）处置措施

这些事故的教训告诉我们千万不可私自改装管道，违反管道燃气使用管理规定。管道燃气一旦着火，也不要惊慌，要按下面的方法进行扑救：

防止事故蔓延或扩大。如发生在厨房内，应立即关闭表前阀门，及时切断气源，也可以用干粉灭火器将火扑灭，再关闭阀门。如火势较大，无法关闭表前阀门时，应设法关闭楼道首层进气总阀门（平时总阀门附近严禁堆放杂物）。如遇阀门前堆放的杂物被引燃，可用湿棉被、湿毛巾盖住并关闭阀门，切断气源。如室内其他可燃物（门窗、衣服、家具等）被引燃，应视火势大小，边组织扑救边报警，取得消防队和附近燃气服务站的协助，尽可能地把火扑灭在初期阶段，以减小火灾损失。

# 11 液化石油气库站应急处置与应急预案管理知识

## 11.1 应急处置

1. 应急的定义

应急的简明含义：应对突然发生的需要紧急处理的事件。其中包含两层含义：客观上，事件是突然发生的；主观上，需要紧急处理这种事件。

基本解释：

(1) 应付急需；应付紧急情况。

(2) 需要立即采取某些超出正常工作程序的行动，以避免事故发生或减轻事故后果的状态，有时也称为紧急状态；同时也泛指立即采取超出正常工作程序的行动。

(3) 对于已经发生的重大事件进行相应的处理。

2. 常见的操作事故应急处置

(1) 充气脱枪

①立即关闭充气枪连接管道上的阀门，随后关闭瓶阀。

②开启防爆风扇，降低充装台液化气浓度。

③疏散无关人员，排除一切可能引起火灾或爆炸的静电、火花。

④如泄漏量大，险情一时无法排除，立即进入紧急预案程序，各应急救援小组人员立即就位按既定预案进行应急处置。

(2) 角阀漏气

角阀阀芯漏气：

①用堵头封堵或把减压阀连同胶管旋入钢瓶角阀，把胶管对折并用铁丝扎紧防止漏气。

②移至站内抽残液设备处清空瓶内液化石油气。

③空瓶送至检测站更换新角阀。

(3) 排放氮气

①用液化石油气报警仪检测排放环境中可燃气体浓度。

②缓慢排放，控制流速。

③排放余气要有专人监护，排放口不准有人逗留和通过，防止气流及随气流带出的异物伤人。

(4) 卸气气液相管爆裂

①槽车押运员立即打开槽车上紧急切断阀油压开关，卸掉紧急切断阀油泵压力（压力卸掉后紧急切断阀自动关闭），关闭槽车上液相阀门，切断液化石油气气源。

②立即关闭卸液台管道上液相阀门，切断液化石油气气源。关闭压缩机，关闭工艺管线上气相阀门。

③疏散组人员负责设立警戒线，疏散防止人员进入危险区，警戒区内杜绝明火和静电，并根据泄漏量及处置情况进一步扩大疏散范围。

④根据事态严重的程度，通信组拨打119、110报警，并向公司救援指挥部求援。

⑤如果泄漏比较严重，应立即通知周边单位和群众，关闭所有电源，禁止一切明火，并向出事地点的上风向紧急撤离。

⑥如有人员受伤，救护组人员应及时组织抢救，并根据伤员受伤程度，及时报120求助。

⑦如果事态仍不能控制，抢险组应迅速准备好启用灭火器材，做好灭火和接应消防、公安的准备。

⑧当消防和公安到达后，配合消防队员合理布置消防工作，引导公安人员确定重点保护区。事故处理结束后24小时内完成书面报告，呈报公司领导。

## 11.2 应急预案管理知识

1. 应急预案的编制

（1）依据与要求

①液化石油气库站进行危险源辨识、风险评价和风险控制的结果及其控制措施。

②国家的法律、法规、规范、标准及其他规定或要求。

③国内外、行业内外典型事故以及本企业以往事故、事件和紧急情况的经验和教训。

④调查并准备有关图表、资料。如重大危险源分布图、交通指引图、建（构）筑物情况图、工艺装置布置图、消防平面图等。调查应急事故状态下所需的应急器材、设备、物资的储备和供给保障的可能性。

⑤岗位操作人员的合理化建议。

⑥对事故应急演练和应急响应进行评审的结果，以及对评审结果所采取的后续改进措施。

（2）对象

1）预案针对性：各级各类应急预案的作用和功能是不尽相同的，编制预案应注重针对性，有的放矢，针对具体情况及所要达到的目的和功能来组织编制预案。

2）切合实际性：预案必须切合实际，要接地气，一旦发生突发事件，必须既能用，又管用。

3）吸收借鉴：

①研究国家应急预案精神和要点，吸收其精华，尽量在框架体系、主要内容上与国家预案对接，做到上下相衔接。

②学习各地各部门应急预案，吸收其成功经验，借鉴别人的有效做法，有条件的还可以吸取和借鉴国外的有益做法和经验。

③研究过去突发事件处置案例，分析比较成功经验或失败教训，从中归纳出符合实际、行之有效的做法，把经过实践检验的好做法，包括经验习惯提炼上升为科学、规范的处置预案，使之更具针对性、实效性。

4）科学与合理性

（3）特点

应急预案要有特点，根据不同情况，区别对待。不同类别预案的作用和功能不同，在编制原则上也应有所侧重，避免"千篇一律"。

一般来说，政府总体应急预案应体现在"原则指导"上；专项应急预案应体现在"专业应对"上；部门应急预案应体现在"部门职能"上；基层单位应急预案应体现在"具体行动"上；重大活动应急预案应体现在"预防措施"上。

2. 确定危险目标

（1）生产、储存、使用液化气装置、设施现状的安全评价报告。

（2）健康、安全、环境管理体系文件。

（3）职业安全健康管理体系文件。

（4）重大危险源辨识结果。

（5）反恐怖袭击方案。

3. 组织与抢险队伍及分工

（1）根据液化气事故危害程度的级别，设置分级应急救援组织机构。

（2）组成人员包括企业主要负责人及管理人、现场指挥人。

（3）确定应急队伍，包括堵漏、抢修、消防灭火、现场救护、通信、运输、后勤等人员。

4. 设备配置

配备齐全的应急救援装备、物资、药品等

5. 通信联络

（1）24 小时有效的报警装置。

（2）24 小时有效的内部、外部通信联络手段。

6. 演练和预案的完善与报备

（1）依据现有资源的评估结果，开展演练准备工作，规划演练范围与频次，并设计组织演练。

（2）根据人员变动、设备参数改变、演习演练验证结果、新经验新教训，以及法律法规、主管部门和地方政府要求的改变等实际情况，对预案进行更新和修订。

（3）预案发布或更新后报送当地人民政府及有关部门备案。

附录：事故应急救援预案

# 液化石油气充装站事故应急救援预案

**TSYJ**/001－20××

××省××市××燃气有限公司

# 目　录

# 颁布令

安全生产关乎本公司的生存和发展，生产安全事故应急抢险工作是安全生产的最后一道防线。

为了健全和规范我公司燃气事故应急工作体系，提高生产安全事故应急抢险的能力和水平，实现"用心供气、放心用气"的宗旨，保障供气安全，尽可能地减小生产安全事故中的人员伤亡和财产损失，根据《中华人民共和国突发事件应对法》、《中华人民共和国安全生产法》和《生产安全事故应急预案管理办法》等相关法律法规，结合本公司实际，特组织公司有关部门和人员制定《××燃气公司燃气事故综合应急预案及其配套性专项应急预案》、《充装站燃气事故专项应急预案》、《危险品运输车辆燃气事故专项应急预案》和《充装站燃气事故现场处置方案》，用于指导我公司生产安全事故应急抢险行动。

经研究决定，现予以颁布，自2017年×月×日起正式实施，请公司相关部门和人员认真学习，严格贯彻执行。

总经理签名：

2017 年×月×日

# 1 总 则

## 1.1 编制目的

为了规范我公司事故应急救援专项预案的编制工作，提升应对液化石油气充装站的事故处理能力，及时控制和消除事故的危害，最大限度地减少事故造成的人员伤亡、财产损失，维护人民生命安全和社会稳定，特编制本预案。

## 1.2 编制依据

依据《中华人民共和国突发事件应对法》《中华人民共和国特种设备安全法》《特种设备安全监察条例》《国务院关于全面加强应急管理工作的意见》《特种设备事故报告和调查处理规定》和《气瓶安全监察规定》《气瓶安全技术监察规程》《生产安全事故应急预案管理办法》（国家安全生产监督管理总局令第88号）等法律、法规、标准及有关规定，特编制本预案。

## 1.3 适用范围

本预案是我公司为防止液化石油气充装站出现生产安全事故而制定的专项性工作方案。

## 1.4 工作原则

1.4.1 以人为本，安全第一。始终把保障人民群众的生命安全放在首位，认真做好预防事故工作，以抢救现场人员、保护抢救人员安全为主；切实加强员工和应急救援人员的安全防护，最大限度地减少事故灾难造成的伤亡和财产损失。

1.4.2 积极应对，立足自救，自救与政府救援相结合。努力完善安全管理制度和应急预案体系，准备充分的应急资源，落实各级岗位职责，做到人人清楚事故特征、类型、原因和危害程度，遇到突发事件时，能够及时迅速采取正确措施，主动配合政府开展的应急救援工作。

1.4.3 统一领导，分级管理。应急救援领导小组在组长的统一领导下，负责指挥、协调处理突发事故灾难应急救援工作，有关部门和各班组按照各自职责和权限，负责事故灾难的应急管理和现场应急处置工作。

1.4.4 依靠科学，依法规范。遵循科学原理，充分发挥专家的作用，实现科学民主决策。依靠科技进步，不断改进和完善应急救援的方法、装备、设施和手段，依法规范应急救援工作，确保预案的科学性、权威性和可操作性。

1.4.5 预防为主，平战结合。坚持事故应急与预防工作相结合。加强重大危险源管理，加强运行监控，做好事故预防、预测、预警和预报工作。做好应对事故的思想准备、预案准备、物资和经费准备、工作准备，加强培训演练，做到常备不懈。将日常管理工作和应急救援工作相结合，搞好宣传教育，提高全体员工安全意识和应急救援技能。

## 2 应急救援组织机构及职责

### 2.1 应急救援组织机构

2.1.1 应急救援组织机构由我公司应急救援领导小组、应急办公室、专家技术组、现场指挥部等组成（图1）。

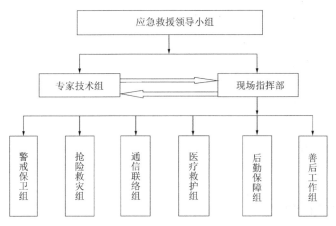

图1 应急救援组织机构图

2.1.2 应急领导小组由我公司主要负责人、相应的职能部门主要负责人组成，是我司突发事件应急管理工作的最高领导机构，应急领导小组组长由我司主要负责人担任。

2.1.3 现场应急指挥部是事故发生后由应急领导小组派出的现场应急救援指挥机构，行使现场应急指挥、协调、处置等职责。应急指挥部下设警戒保卫组、抢险救灾组、通信联络组、医疗救护组、后勤保障组、善后工作组等。现场应急指挥部设置在我司液化气充装站。

2.1.4 地方政府启动应急预案后，现场应急指挥部应接受上级应急部门的指挥和领导。

### 2.2 应急救援岗位职责

2.2.1 应急救援领导小组职责

（1）组织制订液化石油气充装站事故应急救援预案。

（2）负责人员、资源配备，应急队伍的调动。

（3）确定现场指挥人员。

（4）协调事故现场有关工作。

（5）批准本预案的启动与终止。

（6）事故信息的上报工作。

（7）负责保护事故现场及相关物证、资料。

（8）组织应急预案的演练。

（9）接受政府的指令和调动。

2.2.2 现场应急指挥部职责

（1）根据事故应急领导小组指令，负责现场应急指挥工作，针对事态发展制定和调整现场应急抢险方案，防止次生灾害或二次事故发生。

（2）如地方政府启动应急预案，配合和协调地方政府应急救援工作。

（3）收集现场信息，核实现场情况，保证现场与总部之间信息传递的真实、及时与畅通。

（4）负责整合调配现场应急资源。

（5）及时向应急领导小组办公室和地方政府汇报应急处置情况。

（6）按应急领导小组授权，负责现场有关的新闻发布工作。

（7）收集、整理应急处置过程中的有关资料。

（8）核实应急终止条件并向当地政府、单位应急领导小组请示应急终止。

（9）向应急救援领导小组办公室提交现场应急工作总结报告。

### 2.2.3　应急救援办公室职责

（1）负责24小时应急值班值守。

（2）突发事件时接受报告、信息报送。

（3）负责应急管理工作。

（4）负责建立突发事件应急处置的专家库与日常管理。

（5）组织联络应急状态下各职能部门的沟通协调。

### 2.2.4　专家技术组职责

（1）针对液化石油气库站突发事故应急工作，提供应急处置方案建议和技术支持。

（2）根据应急办公室安排，参与制定应急方案和（或）参加现场处置工作。

### 2.2.5　抢险救灾组职责

（1）负责现场抢险抢修作业。

（2）负责现场紧急救援。

（3）负责现场事故情况监测。

### 2.2.6　警戒保卫组职责

（1）负责现场人员疏散工作。

（2）负责现场警戒保卫工作。

### 2.2.7　通信联络组职责

（1）建立有效的通信网络，危险区域内提供防爆型通信器材，现场禁止使用手机等非防爆型通信器材。

（2）保障现场救援指挥通信联络以及对外通信、联络的畅通。

### 2.2.8　善后工作组职责

主要负责现场恢复工作，在指挥部确定现场已无人身危险的情况下，组织抢修人员对现场其他危险设施、损坏设备进行排险抢险或抢修，尽快恢复正常生产。负责事故善后处理、损失评估、保险理赔等。

### 2.2.9　后勤保障组职责

后勤保障组主要负责抢救抢险、生产恢复、事件调查的后勤保障工作。具体包括：车辆保障、接待上级工作、指挥部人员生活后勤保障和抢救抢险所需人力资源和资金支持、疏散人员避难场所安排等。

## 3 单位资源和安全状况分析

### 3.1 单位资源概况

×××液化石油气充装站隶属×××，工程总投资×××万元，始建于××××年，公司法人代表×××，企业主要负责人×××，充装站负责人×××，目前液化石油气站有员工××人，主要从事液化石油气的储存、销售、充装工作。液化气站占地约×××m²，综合办公用房×××m²，充装间建筑面积为×××m²，罐区面积为×××m²，附属用房面积为×××m²，整个场站分为灌装区、办公区和储存区、装卸区，依次布置在××侧。综合办公用房和充装间房屋均为平房，无地下室，××结构。

本地属亚热带湿润季风气候（温带半湿润季风气候），四季分明，春暖、夏炎、秋爽、冬寒特征明显。全年主导风向为××。周边无重大危险源、重要设施，周边人口密度为××，周边交通环境状况略，气象数值略。

### 3.2 安全状况分析

#### 3.2.1 液化石油气库站主要的事故类型

液化石油气库站主要功能为装卸、储存、充装液化石油气。可能发生的事故类型有：泄漏、火灾、爆炸，中毒，高处坠落，机械伤害，触电事故，静电、雷电，技术和管理事故等。

#### 3.2.2 液化石油气库站主要设备设施参数一览表（表1）

**液化石油气库站主要设备设施参数一览表** 表1

| 序号 | 设备仪器名称 | 型号规格 | 材质 | 制造单位 | 数量 | 鉴定有效日期 | 设计压力 | 运行压力 | 维修记录 | 完好状态 |
|---|---|---|---|---|---|---|---|---|---|---|
| 1 | 液化石油气储罐 | | | | | | | | | |
| 2 | 烃泵 | | | | | | | | | |
| 3 | 自动报警仪 | | | | | | | | | |
| 4 | 发电机 | | | | | | | | | |
| 5 | 压缩机 | | | | | | | | | |
| 6 | 消防水泵 | | | | | | | | | |
| 7 | 电子灌装秤 | | | | | | | | | |
| 8 | 压力管道 | | | | | | | | | |
| 9 | 液化气罐车 | | | | | | | | | |

### 3.3 介质特性

液化石油气主要成分由丙烷（$C_3H_8$）、丙烯（$C_3H_6$）、丁烷（$C_4H_{10}$）、丁烯（$C_4H_8$）

等低碳烃类组成，还含有少量 $H_2S$、$CO$、$CO_2$ 等杂质，由石油加工过程产生的低碳分子烃类气体裂解气压缩而成，液化石油气通常以液态在常温压力下储存，具有气、液两相的性质。

### 3.3.1 理化特性

无色气体或黄棕色油状液体，有特殊臭味；闪点：−74℃；沸点：0.5～42℃；引燃温度：426～537℃；爆炸下限：［％（V/V）］2.5，爆炸上限：［％（V/V）］9.65；相对于空气的密度：1.5～2.0，不溶于水。

### 3.3.2 危险特性

危险性类别：第 2.1 类易燃气体，主要有以下几个方面特点：

（1）燃烧速度快。液化石油气燃烧属于气、液化混合燃烧，燃烧速度快，火势猛烈，蔓延扩展迅速。

（2）火焰温度高，辐射热高。液化石油气燃烧热值高达 $105000kJ/m^3$，火焰温度高达 2000℃。

（3）爆炸速度快，冲击波威力大，破坏性强。液化石油气爆炸速度快，达到 2000～3000m/s。

（4）易挥发。常温下，液化石油气易挥发，一旦暴露在空气中能迅速扩散到 250 倍以上。

（5）比空气重，爆炸下限低，最小着火能量小。液化石油气比空气重 1.5～2.5 倍，在空气中易向低洼地方流动并聚集起来。液化石油气爆炸浓度范围较窄，只有 2%～10%，最小着火能量也很低，只有 $3×10^{-4}J$。极度易燃，受热、遇明火或火花可引起燃烧，与空气能形成爆炸性混合物。液化石油气包装容器受热后可发生爆炸，爆炸破裂的碎片具有飞射危险。

### 3.3.3 健康危害

如没有防护，直接大量吸入有麻醉作用的液化石油气蒸汽，可引起头晕、头痛、兴奋或嗜睡、恶心、呕吐、脉缓等症状；重症者会突然倒下，尿失禁，意识丧失，甚至呼吸停止；若在相对密闭的空间内，液态液化石油气大量汽化，导致空气中氧含量的减少，会使人员中毒窒息死亡；不完全燃烧会导致一氧化碳中毒；直接接触液体或其射流会引起冻伤。

### 3.3.4 环境危害

对环境有危害，对大气可造成污染。

## 4 危险辨识与灾害后果预测

明确液化石油气充装站的危险目标，如：球罐区、卧罐区、充装区、装卸区、压缩机房、危险品运输车辆等，对液化石油气储存区域进行危险源辨识，如储存数量超过单元的临界量，应按重大危险源相应要求加强监控和管理。

### 4.1 危险目标辨识及风险分析

#### 4.1.1 储罐区储罐危险辨识和风险分析

（1）罐区在用的×台 $100m^3$ 卧罐和×台 $1000 \, m^3$ 球罐均为全压力式的固定式压力容器，承载的液化石油气均为危险物料，在储罐储配调度过程中实施倒罐作业，或在储罐输入物料过程中，因工艺运行操作不当，出现气相或液相工艺截止阀的错关或错开，或因液位计失灵出现假液位，致使储罐出现超装，若其承压元件失效、安全保护装置失灵，或在夏季受阳光暴晒，降温隔热措施不完善，会出现超压而导致储罐物理性爆炸；（2）当压力管道为实现工艺储配运行的工艺截止阀存在内漏，储罐实际运行中危险物料出现非工艺储配调度的超装，若其承压元件失效、安全保护装置失灵，或在夏季受阳光暴晒，降温隔热措施不完善，会出现超压也会导致储罐物理性爆炸；（3）因危险物料中含水，冬季低温时未及时进行排污排出储罐内的存水，导致储罐排污管冻裂而引起的危险物料泄漏；（4）储罐实施排污作业过程中，操作人员如操作不当，未采取将排污管上的上下两道截止阀一关一开的方法，或由于排出的污物中含有铁锈等异物，造成截止阀关不上而失控，罐体内的物料在压力作用下喷出，冻伤操作人员；（5）在储罐区内出现非常情况时，由于×台100 m³卧罐未配置紧急切断阀，无法实现远程快速切断；（6）泄漏出来的危险物料如遇足够能量的点火源，引发火灾、爆燃或化学性爆炸；（7）如储罐区内发生的火势未能得到有效控制而失控，受火焰烘烤的其他储罐亦会出现超压物理性爆炸；（8）若球罐发生泄漏并产生20％的泄漏量的蒸汽云爆炸，根据液化石油气蒸汽云爆炸事故模型分析的结果可能造成人员伤亡和财产损失。

### 4.1.2 循环压缩机房危险辨识和风险分析

（1）循环压缩机的工作介质为气相状态的危险物料，其进气端连接气液分离器，出口端连接稳压罐，如工作过程中因气液分离器内的冷凝液相介质未及时排空，或因进气源头的固定式压力容器、移动式压力容器出现超液位运行，液相介质通过罐体内的气相管顶端进入循环压缩机缸体，在缸体内受机械做功而发生物理性爆炸，泄漏出的危险物料与空气混合后达到爆炸极限，会发生化学性爆炸；（2）若操作人员在操作循环压缩机房内的气相工艺阀门组过程中出现失误，或在操作固定式压力容器、移动式压力容器过程中出现失误，或未遵守操作规程进行操作，导致错开或错关气相截止阀，循环压缩机因进气渠道受阻而出现憋压状态，若循环压缩机憋压运行状态未被及时发现，循环压缩机出现设备运行事故而损坏；（3）若操作人员在操作循环压缩机房内的气相工艺阀门组过程中出现失误，或在操作固定式压力容器、移动式压力容器过程中出现失误，或未遵守操作规程进行操作，导致错开或错关气相截止阀，稳压罐内的压力持续升高而未被及时发现，若稳压罐安全阀失灵，稳压罐出现超压物理性爆炸；（4）泄漏出来的危险物料如遇足够能量的点火源，引发火灾、爆燃或化学性爆炸。

### 4.1.3 装卸区危险辨识和风险分析

（1）中装卸区主要通过鹤管进行移动式压力容器的装气、卸气作业。在充装作业过程中，若移动式压力容器的液位计出现失灵，出现罐体超装，在安全阀失效的状态下移动式压力容器、鹤管可能出现超压物理性爆炸；（2）在卸载作业过程中，若液相鹤管球阀、截止阀或罐体液相紧急切断阀未按操作规程正常开启，导致移动式压力容器内部压力因循环压缩机持续增压而超压，如操作人员未及时发现，移动式压力容器可能由超压引起的物理性爆炸；（3）若装卸鹤管垂管快关接头内O形密封圈损坏或快关接头上的锁紧装置失灵，在移动式压力容器装、卸气作业过程中会出现突发泄漏；（4）若移动式压力容器液相紧急切断阀和快关球阀同时失灵，充装完毕后摘除液相鹤管会出现泄漏；（5）罐车装卸操作人员操作过程中出现失误，或未遵守操作规程进行操作，在装卸气作业完毕后因未关闭鹤管截止阀、鹤管快关球阀，或未关闭移动式压力容器液相紧急切断阀和快关球阀，即摘除液相鹤管会出现泄漏；（6）泄漏出来的危险物料如遇足够能量的点火源，引发火灾、爆燃或化学性爆炸。

### 4.1.4 充装区危险辨识和风险分析

（1）充装区主要从事气瓶充装业务，自储罐区出料储罐利用烃泵通过压力管道将液相危险物料输送到灌瓶间，气瓶充装人员将充装前检查合格的气瓶放置于电子灌装秤上进行充装，达到规定的充装量后自动切断，取下并进行充装后检查合格后放置于充装合格区。在这一过程中，若电子灌装秤出现故障，气瓶过量充装而充装后检查失误，未及时将其倒空处理即放置于充装合格区，受气温变化影响该过量充装气瓶会胀裂泄漏；（2）若气瓶充装前检查失误，导致存在缺陷不合格的气瓶被误充装，在充装进行过程中即发生泄漏或气瓶出现爆裂，或放置于充装合格区后会出现泄漏；（3）若电子灌装秤耐压胶管出现老化而未及时更换，气瓶充装过程中因压力管道内压力波动，耐压胶管瞬间爆裂，危险物料喷射，会造成气瓶充装人员冻伤；（4）若电子灌装秤气瓶充气阀维护不当，气瓶充装时角阀夹不紧，出现突发脱落和喷射，会造成气瓶充装人员冻伤；（5）若灌瓶间安全管理不善，工作人员违章翻越压力管道，重物坠落砸断压力管道连接电子灌装秤的接管，会造成危险物料的大量泄漏；（6）气瓶充装过程中，因压差小充装速度缓慢，气瓶充装人员违反操作规程，关闭并取下充气阀进行气瓶排氮气，若电子灌装秤静电接地不良，在气瓶角阀口发生气体摩擦释放静电，会引发火灾；（7）需进行抽残液或倒空的气瓶要进行翻转，头部朝下，先用气相增压，然后利用压差倒空瓶内残液，在操作过程中若操作出现失误，或充气阀突发脱落，瓶内的危险物料喷出，可能造成操作人员的冻伤，若发生静电释放亦会引发火灾。

### 4.1.5 危险品运输车辆危险辨识和风险分析

（1）罐车装载危险物料行驶过程中，若发生道路交通事故，如造成移动式压力容器倾覆，并且其液相管、气相管因撞击受损导致移动式压力容器出现泄漏，会影响道路交通秩序；或虽倾覆而并未造成泄漏，但对道路交通秩序产生不利影响；若移动式压力容器存在超装，如安全附件技术状况因维护不佳而失效，在运输过程中罐体因受阳光照射介质温度急剧变化出现胀裂，会造成泄漏；罐车因遭遇道路交通事故油箱着火；罐车发生道路交通事故过程中造成人员伤亡；因移动式压力容器出现泄漏，遇点火源引发火灾、爆燃和爆炸以及人员中毒、冻伤、烧伤等。

（2）运瓶车装载气瓶行驶过程中，若发生道路交通事故，如造成运瓶车倾覆，并且其装载的气瓶因撞击受损出现泄漏，会影响道路交通秩序；或虽倾覆而并未造成泄漏，但对道路交通秩序产生不利影响；若装载的气瓶存在超装，在运输过程中气瓶因受阳光照射介质温度急剧变化出现胀裂，会造成泄漏；运瓶车因遭遇道路交通事故油箱着火；运瓶车发生道路交通事故过程中造成人员伤亡；因气瓶泄漏，遇点火源引发火灾、爆燃和爆炸以及人员中毒、冻伤、烧伤等。

## 4.2 容易发生泄漏事故的部位

（1）液化石油气储罐（球罐）、分离器、缓冲罐等压力容器的罐体及其进出口、排污口、放散口、安全阀接口、压力表接口等的接管，直管、弯头、三通、异径接头、阀门、法兰连接密封等部位失效或泄漏。

（2）液化石油气输气管道法兰、阀门等连接密封部位失效或泄漏。

（3）液化石油气槽车装卸，烃泵进、出口及气瓶充装用软管泄漏。

（4）液化石油气槽车泄漏、液化石油气气瓶泄漏。

（5）液化石油气烃泵、压缩机等设备泄漏。

## 4.3 泄漏事故的类型

（1）轻微泄漏：指液化石油气管线、接头、阀门或其他元件因长期磨损，造成的液化石油气轻微泄漏，定为故障处理。

（2）一般泄漏事故：指人为责任原因或其他外因，造成设备设施损坏及因设备设施自身原因引发部分区域内的液化石油气泄漏，而且可采取措施能得到控制的，定为一般泄漏事故。

（3）重大泄漏事故：指人为责任原因或交通事故、自然灾害及设备设施自身损坏而引发的，液化石油气储罐、液化石油气罐车、压缩机缓冲罐体破裂、阀门、管线、严重损坏，安全阀失控引发的大量液化石油气泄漏，而现场人员无法处置，对社会和人群极易造成重大伤害的事故，定为重大泄漏事故。

（4）恶性事故：因大量液化石油气泄漏，引发爆燃爆炸造成重大人员伤亡、财产损失，造成恶劣社会影响的，已构成事实的事故，定为恶性事故。

发生微量泄漏就可能酿成重大泄漏，可导致燃烧、爆炸、泄漏和燃烧及爆炸或兼而有之。无论哪种事故发生，其后果均相当严重，故首先应加强防范，杜绝事故发生。要加强预案研究和训练，一旦发生事故，能按照程序及时处理。

## 4.4 灾害后果预测

（1）爆炸危险。若在短时间内大量泄漏，可以在现场很大范围内集聚液化石油气，遇明火、静电或处置不慎打出火星，就会导致爆炸事故的发生。

（2）爆炸威力分级

为了突出重点，便于控制管理，根据危险源的潜在危险性大小、控制难易程度、事故可能造成损失情况、灾害影响的地理范围和人口数量及设备的安全状况，可将各危险单元进行危险源综合分级，对事故灾害后果进行预测，以便提出相应的措施。

（3）爆炸危害、健康危害、环境危害评价

液化石油气站应根据本站规模、设备安全状况并结合周边环境进行灾害预评价。

## 5 预防和预警机制

### 5.1 危险源监控

5.1.1 液化气充装站危险源监测监控的方式、方法，以及采取的预防措施。

液化气充装站危险源监测监控方式、方法及预防措施　　　　　　　　　　表 2

| 危险源 | 监控的方式 | 采取的控制措施 |
|---|---|---|
| 储罐区 | 巡回检查、远程监控 | 检查、安装泄漏报警器 |
| 充装、装卸区 | 巡回检查、远程监控 | 检查、安装泄漏报警器 |
| 压缩机 | 巡回检查、保养 | 检查、安装泄漏报警器 |
| 槽车 | 检查、GPS 定位 | 检查、安装紧急切断装置 |

5.1.2　火灾、爆炸危险监控预防与控制

1. 危险源监控方式方法

（1）视频监控。在液化石油气库站各危险源处，安装视频监控装置，实施 24 小时监控，视频资料自动保存 7 天以上。

（2）可燃气体报警器监控。在储罐区、充装区、装卸区、压缩机房等处安装可燃气体报警器，实施 24 小时监控，发生泄漏立即报警。

（3）液化石油气库站压缩机等设备安装超压保护装置；槽车安装紧急切断装置。

2. 预防措施

（1）可燃气体报警器应定期检定，保证正常工作。

（2）静电接地线与接地柱的连接应可靠；储罐、液化气管线等应接地；法兰应跨接，接地设施应定期检测，保证在液化石油气快速流动过程中产生的静电有效释放。

（3）操作人员穿防静电工作服。工作现场严禁吸烟。

（4）禁止使用易产生火花的机械设备和工具。

（5）站内各种压力表、安全阀等安全附件应定期检定校准，防止管线及容器超压、操作失控、设备损坏。

（6）压力容器定期检验。

5.1.3　中毒危害监控预防与控制

1. 停工检修有限空间时，操作人员应穿戴防护用品，并对检修容器进行空气转换。

2. 可燃气体报警器应定期检定，保证正常工作。

5.1.4　车辆危害监控预防与控制

进出站口设置标识，防止超速行驶，防止发生交通事故伤人、毁物。

5.1.5　重点设备监控措施应包括：

（1）液化石油气库站安全管理制度和岗位安全责任制度。

（2）专门机构或者专（兼）职人员。

（3）定期分析特种设备安全状况，完善事故应急预案。

（4）特种设备使用登记、定期检验制度。

（5）消除事故隐患制度。

（6）特种设备作业人员培训考核、持证上岗制度。

（7）外来车辆和人员管理制度。

（8）设备巡检和维护制度。

## 5.2　预警行动

针对各种可能发生的液化石油气泄漏事故，建立预测预警机制，进行风险分析，做到早发现、早报告、早处置。

液化石油气充装站应明确事故预警的条件、方式、方法和信息的发布程序。

（1）现场负责人接警后，报告公司应急救援办公室，应急救援办公室通知相关部门和单位进入预警状态。

（2）公司应急救援办公室报告应急救援领导小组根据事故预测情况启动《特种设备事故专项应急预案》。

（3）各应急救援小组做好抢险准备工作。

## 5.3　信息报告与处置

### 5.3.1　信息报告

××燃气公司24小时应急办公室电话××××××。最早发现险情的值班人员，应立即向本单位现场负责人报告。现场负责人报应急救援办公室，由应急救援办公室报告应急救援领导小组认定响应级别。

### 5.3.2　信息上报

事故发生后××燃气公司负责人应在1小时内向上级主管部门和地方人民政府相关部门报告：事故单位名称、详细地址、事故原因、性质、现场伤亡情况、危害程度及其他相关情况。

### 5.3.3　信息传递

事故的信息应由单位应急领导小组确定专门人员形成规范的应答内容和统一的新闻口径，随时应对新闻媒体的采访。及时准确对外发布事故的信息。任何其他人员及职工要严格按照统一口径进行，任何工作人员不得擅自向外通报信息，防止新闻报道失实，避免造成不良的社会影响。

## 5.4　预警级别

液化石油气充装站事故预警参考以下条件确定

（1）一般事故为（Ⅲ）级：设备、管道、附件等发生泄漏，未发生火情，经停机检修即可恢复生产运行的事故。

（2）严重事故为（Ⅱ）级：设备、管道、附件损坏发生严重泄漏，伴有气雾、声响、结霜等现象，或者因泄漏引发大火，但采取系统操作，可以控制或阻断泄漏和火情，不会造成更大险情的事故。

（3）重大事故为（Ⅰ）级：设备、管道、附件等发生无法操控的破裂或火灾事故，致使液化石油气大量泄漏或造成严重火灾，危及本单位及周边建筑和居民生命财产安全的事故。

## 6 应急响应

### 6.1 响应分级

针对事故危害程度、影响范围和单位控制事态的能力，将事故分为不同的等级。按照分级负责的原则，明确应急响应级别。

Ⅲ级预警事故，由我公司应急救援指挥部根据事故的具体情况决定是否启动应急预案。

Ⅱ级预警事故，立即启动本级事故应急预案。

Ⅰ级预警事故，立即启动本级事故应急预案，报请上级安全生产监督管理部门，申请启动上级或地方政府预案。

### 6.2 响应程序

根据事故的大小和发展态势，明确应急指挥、应急行动、资源调配、应急避险、扩大应急等响应程序。

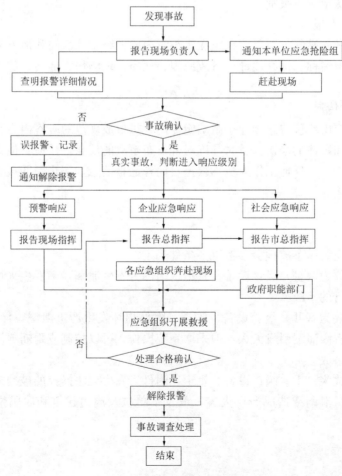

图 2 事故应急响应程序图

6.2.1 事故发生后的内部报告程序

报告包括以下内容：

（1）事故发生地点。

（2）事故类型（如泄漏、燃烧、设备损伤等）。

（3）事故介质的吨位。

（4）液化石油气品种（丁烯、丙烯、丁烷、丙烷）。

（5）有无人员伤亡情况。

（6）周围环境情况（如建筑物性质、交通、人流等）。

（7）影响范围。

（8）报告人姓名。

6.2.2 事故确认、分析和救援程序

事故确认的内容包括事故地点、影响范围、事故类型等技术要求；分析程序的内容包括工艺流程、操作规程的技术要求，采取紧急处理措施、初步分析事故趋势、确定应急迅速启动的程序。

6.2.3 事故外部报告程序

事故确认后，在自身启动应急预案的同时，应按国家有关规定，及时、如实地向特种设备安全监督管理部门、负有安全生产管理职责的部门和相应应急指挥中心等部门报告。

6.2.4 事故监控措施

包括监控和分析事故所造成危害程度，事故是否得到有效控制，是否有扩大危险趋势。救援抢险组应采用可燃气体浓度检测仪和风向仪对事故现场进行动态检测和监控，并根据检测数据判断事故是否得到了有效控制，是否有扩大的趋势，且及时将有关数据和发展趋势报现场总指挥。

6.2.5 人员疏散与安置原则、措施及启动条件

（1）发生事故时，应及时疏散事故现场和危险区域内的人员。当预测事故有扩大趋势，并对周围建筑物（如居住区、商店、学校、工矿企业等）造成影响时，应立即请求政府有关部门启动上级应急救援预案，同时请求相关企业进行增援，并按应急救援预案的规定和要求，将转移的人员安置至安全场所。

（2）人员疏散时，应向事故现场上风区转移。下风区人员需佩戴好过滤式防毒面具或正压式空气呼吸器。

6.2.6 事故现场的警戒要求

包括救援现场的警戒区域设置、事故现场警戒和交通管制程序，救援队伍、物资供应、人员设置及警戒开始和撤销步骤。

（1）救援抢险组到达后，根据地形、风向、风速、事故储量、泄漏程度，以及周边道路、重要设施、建筑情况和人员密集程度等，根据应急救援技术方案对警戒区域的要求和规定，对泄漏影响范围进行评估。在专家的指导下迅速标出事故现场危险区和安全区。

（2）现场总指挥下达设立警戒指令后，由警戒保卫组设置警戒范围和实施交通管制。危险区和安全区应有明显警戒标志，如有毒等警戒标志等。警戒区内必须消除一切引起火灾的隐患。

（3）警戒保卫人员应防止无关人员进入和接近警戒区。

（4）除公安、消防人员外，其他警戒人员，以及抢险人员、医疗人员等参与应急救援行动人员，须有标明其身份的明显标志。

（5）当事故完全消除，事故现场勘查完毕，由现场总指挥下达取消警戒区的指令后，方可取消警戒区。

6.2.7　应急救援中的医疗、卫生服务措施和程序

1. 当事故现场有中毒、烧伤、击打伤等受伤人员，救援人员首先应将受伤人员移至上风处的安全区内，由医护等专业人员进行救治。

2. 受伤人员经现场医护等专业人员救护后，应尽快转入医院进行治疗。当发现有呼吸困难、休克及中毒者，救援抢险人员应佩戴个人防护装备后进入现场，迅速将其转移至空气新鲜的安全区静卧，且按以下要求采取相应措施：

（1）当发现有呼吸困难、休克及中毒者，将受伤者的衣扣及裤带松开，保持其呼吸通畅。

（2）呼吸停止者，实施人工呼吸。

（3）对烧伤者，应立即脱离热源，用流动的冷水冲洗伤面，边冲边脱去烧伤处衣物，把伤口泡在冷水中，用医用纱布或干净毛巾包裹伤面，创面大者应送医就诊。

6.2.8　保护应急救援人员安全的准备和规定

（1）救援指挥部应设置在上风处，救援物资应尽可能靠近事故现场。

（2）应急救援人员进入危险区前，必须穿戴（携）好个人防护装备和救生器材。

（3）现场总指挥应指定一名抢险救援人员为现场组长。

（4）进行救援和抢险的人员必须少而精，但不允许少于两名。

（5）抢险救援人员的个人装备至少应配备正压式呼吸器、安全帽、全封闭防化服或防静电的消防服、防冻手套、不产生火花工作鞋或胶鞋、通信工具，以及抢险用器材和设备等。

（6）救援人员应熟悉和熟练应用自救措施和互救措施，进入事故现场前首先应辨别风向，下风区、低洼区和沟渠附近不准停留。

（7）救援人员离开时，现场组长应清点救援人员人数，防止人员遗漏。

6.2.9　请求有关部门或救援队伍帮助程序

（1）应急过程中，应由政府有关部门或应急救援领导小组长及时通知事故发生地附近的企业、学校等有关单位和向公众通报事故的情况，以便于做好警戒和疏散工作。

（2）当事故有扩大趋势或现有措施无法消除事故，应迅速报警，请求政府有关部门或已经协商的其他企业的应急救援队伍进行应急救援。

6.2.10　应急过程中对媒体和公众发布信息的程序和原则

媒体报道应按政府的有关规定执行。

6.2.11　明确允许采用和禁止采用的方法和器材

（1）应急救援人员应配备可燃气体浓度探测仪和风向仪，测定罐体内的液化石油气是否泄漏及风向，并根据事故状态，以及应急救援技术方案对警戒区域的要求和规定，迅速划定危险区和安全区。

（2）实施控制事故发展的装备、资源。①通信设备应是无线电通信设备，危险区内禁止使用移动电话和对讲机等非防爆型通信工具。②消防装备和器材：消防车、消防水幕、消防水炮、消防喷淋装置、各种型号的干粉、二氧化碳灭火器、应急照明设备等。③回收

液化石油气装置（容器）、抽液泵等。

（3）救护人员使用的装备：正压式空气呼吸器、隔离式防毒面具、全封闭防化服或防静电消防服、防静电工作服、防护隔热服、避火服、防冻衬纱橡胶手套等。

（4）现场处置、检测用设备：可燃气体浓度测试仪、风向仪、不同规格带压堵漏卡具、夹具、高压注胶枪、手动高压油泵、防火花的专业施工工具、防爆电筒、适用石油液化气介质的密封胶若干、高强度等级快干水泥等。

（5）医疗救护车、常用救护药品等。

## 6.3　应急结束

明确应急终止的条件。事故现场得以控制，环境符合有关标准，导致次生、衍生事故隐患消除后，经事故现场应急指挥机构批准后，现场应急结束。

# 7　应急技术和现场处置措施

根据可能发生的事故类别及现场情况，明确事故报警、各项应急措施启动、应急救护人员的引导、事故扩大及同企业应急预案的衔接的程序。

针对可能发生的泄漏、火灾、爆炸等，从操作措施、工艺流程、现场处置、事故控制、人员救护、消防、现场恢复等方面制定明确的应急处置措施。

## 7.1　事故应急处置程序

（1）报警

通知本企业管理、维修、应急抢险等相关人员到场处置。拨打"119"、"120"，向消防等部门报警，并将事故情况及时报告当地质监、安监等有关部门。

（2）设定区域和疏散

建立危险区域、缓冲区域、疏散区域，实施必要的交通管制和交通疏导。根据站区储量、泄漏程度、地形、气象等，对泄漏影响范围进行评估，在距离泄漏点半径至少800m范围内实行全面戒严，画出警戒线，设立明显标志。疏散无关人员，以各种方式和手段通知危险区域、缓冲区域、疏散区域内的周边人员向上风向迅速撤离，对以上区域内的幼儿园、学校、商场等公众聚集场所应重点组织有序疏散。实施交通管制，禁止一切车辆和无关人员进入危险区域、缓冲区域。火场内如有储罐、槽车或罐车，隔离半径至少1600m（以泄漏源为中心，半径1600m的隔离区）。

（3）消除火种

立即在危险区域、缓冲区域、疏散区域内停电、停火，灭绝一切可能引发火灾和爆炸的火种。进入危险区前用水枪将地面喷湿，以防止摩擦、撞击产生火花，作业时设备应确保接地，进入危险区域的车辆应有防护措施。

（4）应急处理

储罐发生泄漏时，应迅速查明情况，判明原因，进行相应的处理。

①罐体本体、接管根部开裂泄漏：关闭进液阀门，停止一切装卸活动，关闭压缩机和气相进口阀门，开启烃泵抽泄漏罐中的液体，倒向备用罐，用沾水棉被堵住泄漏处，使其减少泄漏量，进 步组织堵漏处置。

②接管、阀门的密封等部位失效或泄漏：关闭进液阀门，停止一切装卸活动，必要时开启烃泵抽泄漏罐中的液体，倒向备用罐，用沾水棉或堵漏夹堵住泄漏处，使其减少泄漏量，进一步组织堵漏处置。

③罐车卸液软管泄漏或爆裂：罐车作业人员立即启用罐车上紧急切断装置，关闭罐车上液相阀门。同一时间，操作人员立即关闭卸液管道上液相阀门，关闭压缩机，关闭工艺管线上气相阀门，切断液化石油气气源。严禁用压缩机加压倒罐。

（5）积极冷却，防止爆炸

打开罐区的喷淋装置，对相关储罐进行冷却。组织足够的力量，将火势控制在一定范围内，用射流水冷却着火及邻近罐壁，并保护毗邻建筑物免受火势威胁，控制火势不再扩大蔓延。在安全距离，利用带架水枪以开花的形式和固定式喷雾水枪对准罐壁和泄漏点喷射，以降低温度和可燃气体的浓度。控制蒸汽云。如有条件，可以用蒸汽或氮气带对准泄漏点送气，用来冲散可燃气体；用中倍数泡沫或干粉覆盖泄漏的液相，减少液化石油气蒸发，用喷雾水（或强制通风）转移液化石油气蒸汽云飘逸的方向，使其在安全地方扩散掉。在未切断泄漏源的情况下，严禁熄灭已稳定燃烧的火焰。用水直接冲击泄漏物或泄漏源，应防止泄漏物向下水道、通风系统和密闭性空间扩散。

（6）灭火剂选择

小火：干粉、二氧化碳灭火器。

大火：水幕、雾状水。在气源切断，泄漏控制，温度降下之后，向稳定燃烧的火焰喷干粉，覆盖火焰，终止燃烧。

## 7.2 现场应急处置措施

### 7.2.1 泄漏处置措施

（1）控制泄漏源：在保证安全的情况下堵漏，避免液体漏出。如管道破裂，可用木楔子、堵漏器或卡箍法等方法堵漏，随后用专用堵漏胶封堵。堵漏方法一般有：

①注胶堵漏法：采用专用夹具、手动液压泵、注胶枪、对压力表等附件进行夹紧注胶堵漏。

②注水堵漏法：利用已有或临时安装的管线向罐内注水，将液化石油气界位抬高到泄漏部位以上，使水从泄漏处流出，待罐内新鲜水有一定液面时，冒水快速进行堵漏。

③先堵后粘法：堵塞后用胶粘剂或金属薄片绑扎。

④螺栓紧固法：用有色金属工具带压紧螺栓。

⑤泄漏处为圆形小孔，可采用木塞堵漏法。

⑥管道壁发生泄漏，又不能关阀止漏时，可使用不同形状的堵漏垫、堵漏楔、堵漏胶、堵漏带等器具实施封堵。

⑦焊缝微量泄漏，可采用快干水泥进行堵漏。

⑧罐壁撕裂泄漏可以用充气袋、充气垫等专用器具从外部包裹堵漏。

⑨带压管道泄漏可用捆绑式充气堵漏袋，或使用金属外壳内衬橡胶垫等专用器具施行堵漏。

（2）泄压排空。由安全泄压阀和放空管，经密闭管道泄放至火炬系统焚烧放空或设置应急管线，将物料倒至备用储罐。

### 7.2.2 火灾扑救处置措施

（1）扑救火灾时切忌盲目扑灭火势，在没有采取堵漏措施的情况下，必须保持稳定的燃烧。否则，大量的可燃气体泄漏出来与空气混合，遇火源就会发生爆炸，后果不堪设想。

（2）首先应扑灭外围被火源引燃的可燃物火势，切断火势蔓延途径，控制燃烧范围，并积极抢救受伤和被困人员。

（3）如火势中有燃气储罐或有受到火焰辐射热威胁的燃气储罐，能实施倒罐的应立即启动倒罐程序，转移事故储罐内的燃气；不能实施倒罐作业的，应部署足够的水枪进行冷却保护。

（4）如果是压力管道泄漏着火，应立即关闭泄漏点上、下游阀门，切断气源，火势将自动熄灭。

（5）储罐或压力管道泄漏关阀无效时，应根据火势判断泄漏口的大小、位置及形状，准备好相应的堵漏材料和工具，实施带压堵漏。

（6）现场指挥应密切注意各种危险征兆，遇有火势熄灭后较长时间未能恢复稳定燃烧或受热辐射的容器安全阀出现火焰变亮耀眼、尖叫、晃动等爆裂征兆时，现场指挥必须适时做出准确判断，及时下达撤退命令。现场人员看到或听到事先规定的撤退信号后，应迅速撤退至安全地带。

### 7.2.3 自然灾害应急处置措施

自然灾害是指地震、海啸、火山喷发、台风、龙卷风、洪水、山体滑坡与泥石流、雷击等引起地球大气环境变化等对企业造成严重的影响和破坏，由此导致停电、停水，使燃气装置失控而发生泄漏、火灾、爆炸等事故。为在发生灾害时减少财产损失，防止人员伤亡，尽快恢复生产，应执行以下应急措施：

1. 在台风、暴雨（雪）季节，密切注意天气变化，注意收集天气和水文信息预报。

2. 接到自然灾害预警报告后，由总指挥或副总指挥发布预防动员令。

3. 生产单位和各部门在台风、暴雨（雪）等自然灾害来临前的预防措施：

（1）检查生产设施和建构筑物的稳固程度，对需要加固的设施进行加固。

（2）做好防风、防暴雨、防冻等物资准备，如沙袋、水泵、发电机、防水布、工具等，检查站区排水设施是否畅通。

（3）检查压力管道设施的安全状态，对不稳定的压力管道要进行加固。

（4）检查建筑物的门窗是否关好，视情况需要进行加固。

（5）按照需要用沙袋修建堤坝。

（6）对变压器、配电房、防雷设施采取安全保护措施。

（7）检查生产区和附属设施内防爆电气布线情况、安全送电情况。

（8）遇台风时要对站区高大树木进行支撑固定。

（9）将重要物资转移到安全地方。

4. 台风、暴雨（雪）季节，应急指挥中心和安全生产主管部门应协调好外部组织的援助、修理、抢救和恢复计划，并督促液化气站做好以下工作：

（1）根据自然灾害预报级别，决定是否停止生产作业，并及时向总指挥或副总指挥报告。

（2）安排专人监视灾害发展情况。

（3）及时转移或保护高价值设备，并设专人看护。

（4）保护室外工艺设备、电气和消防等设备。

（5）检查备用公用设备和消防设施。

（6）暴雨后如水不能及时排出而发生险情时，要及时调用水泵进行排水。

（7）若公用设施（水、电、交通）失效，则应紧急组织抢修，尽快恢复生产。

5. 台风、暴雨（雪）过后，应急救援领导小组应尽快开展以下工作：

（1）应尽快检修喷淋灭火系统管路，然后打开控制阀，确保消防水的供应。

（2）排除积水（雪）、清理排水沟。

（3）清理并修复重要设备。

（4）修复动力系统并尽快恢复运行。

（5）加强保安力量，谨防抢、盗行为。

7.2.4　液化石油气充装站发生突然停电的处理措施。

1. 当班班长立即关闭电源总开关，关闭控制柜开关，关闭压缩机，烃泵，充装电子秤以防突然来电损坏电器设备。

2. 当班员工立即停止装卸、充装作业，关闭储罐相关阀门。

3. 立即查明停电原因，属于外部原因的，应立即与供电部门联系，落实恢复供电时间。属于内部原因停电，应组织人员排除故障，如本站无法排除故障，应及时向公司负责安全生产部门领导请示，组织有关人员到站排除故障，及时恢复供电生产。

4. 停电期间，禁止闲杂人员进站。

5. 做好停电记录，如实反映停电情况及处置方法。24 小时内完成书面报告，呈报公司领导。

7.2.5　人为破坏、恐怖袭击应急处置措施

为了防止人为破坏、恐怖袭击所造成的损失，液化气站应切实加强安全保卫工作。一旦发现有人为破坏和恐怖袭击，应立即采取以下措施：

1. 发现人为破坏、恐怖袭击后，应立即向指挥中心报告，同时拨打"110"电话报警。

2. 总指挥接到报警后迅速发布命令，启动紧急救援程序。

7.2.6　液化石油气充装车间险情处置措施

（1）充装作业时发现漏气险情应立即关闭充装间进气阀门，关闭电子充装称，灌装烃泵、储罐的气相液相阀门，疏散人员，设立警戒区，警戒区杜绝一切火种。如发生火情时通知有关人员开启消防水泵，扑灭火势。

（2）如火灾不严重，立即采用干粉灭火器灭火，然后经安全技术人员检查排除隐患后，再恢复生产。

（3）如险情严重应及时拨打"119"火警电话并报告公司应急救援领导小组，请求支援，并组织义务消防队利用现有消防器材控制火势。

7.2.7　液化石油气槽车卸液高压胶管爆裂的处置措施

1. 槽车押运员立即打开槽车上紧急切断阀油压开关，卸掉紧急切断阀油泵压力（压力卸掉后紧急切断阀自动关闭），关闭槽车上液相阀门，切断液化石油气气源。

2. 立即关闭卸液台管道上液相阀门，切断液化石油气气源。关闭压缩机，关闭工艺管线上气相阀门。

3. 疏散组人员负责设立警戒线，疏散人员防止人员进入危险区，警戒区内杜绝明火和静电，并根据泄漏量及处置情况进一步扩大疏散范围。

4. 根据事态严重的程度，通信组拨打电话"119"、"110"报警，向公司救援指挥部求援。

5. 如果泄漏比较严重，应立即通知周边单位和群众，关掉所有电源，禁止一切明火，并向出事地点的上风向紧急撤离。

6. 如有人员受伤，救护组人员应及时组织抢救，并根据伤员受伤程度，及时报120求助。

7. 如果事态仍不能控制，抢险组应迅速准备好启用灭火器材，做好灭火和接应消防、公安的准备。

8. 当消防、公安到达后，配合消防队员合理布置消防工作，引导公安人员确定重点保护区。事故处理结束后24h内完成书面报告，呈报公司领导。

### 7.2.8 运瓶车发生气瓶泄漏或交通事故时的处置措施

1. 发生交通安全事故，但未发生液化石油气泄漏时，应立即拨打电话"122"报警，同时向本单位领导报告事故情况，及时设立警戒，配合交警调查处理。

2. 发生液化石油气钢瓶泄漏应采取以下应急措施：

（1）如有可能应迅速将车辆开到远离建筑物、人群密集场所，停靠在通风空旷、附近无明火的地方，并关闭电源。

（2）根据泄漏情况，利用当时有利条件控制泄漏，如：拧紧角阀、加丝堵等。

（3）对无法控制的钢瓶泄漏，应立即放在空旷的地方将液化石油气排空；如有可能并在确保安全的情况下，可将钢瓶运回气站进行处理。

（4）处理泄漏时，现场应备好灭火器材，严禁明火靠近和任何导致火花产生的操作。

### 7.2.9 液化石油气汽车罐车交通事故应急措施

汽车罐车发生交通事故（如撞车、翻车等）时，容易引起液化石油气泄漏，泄漏的液化石油气与空气混合会形成爆炸性气体，极有可能造成火灾甚至爆炸事故。为此，应采取以下的应急措施：

1. 发生交通事故但未发生泄漏时的应急处置措施

（1）应立即拨打电话"122"报警，同时向本单位领导报告，说明发生时间、地点、事故性质及危害程度。在处理交通事故时，司机、押运员要积极配合交警调查。

（2）如有人员伤亡，应拨打"120"急救电话，做好伤员的救护工作。

（3）应急停车后，应在罐车的前、后方100m处放置警示牌。司机、押运员负责疏散附近人员，并控制附近的明火，关掉电源，不准临阵弃车脱逃。

（4）车辆损坏较轻，如不影响行驶，应及时将车开到安全地带等待处理或开到附近气站，卸掉罐内液化石油气后，再进行维修。

（5）车辆损坏严重时，应制定现场起吊方案，载重10t以下的整体式罐车可整车起吊，用平板车拖走。半挂式罐车的牵引车和罐车要设法分离，分别用牵引车拖走。

（6）受损的罐车应及时卸掉罐内的液化石油气，同时进行必要的安全处置，送交具有相应资质的厂家进行维修。

2. 发生泄漏时的应急处置措施

除实施 7.2.9 第 1 条中应急处置的相关措施外，还应实施以下措施：

（1）扩大警戒区，警戒区内禁止一切无关人员、车辆进入，杜绝一切火源。

（2）公安消防车到达后，应立即对罐体喷水降温，用水枪驱散聚集的液化石油气。

（3）根据泄漏部位制定堵漏方案，由抢险组组织相关人员对泄漏部位进行带压堵漏。

（4）视现场情况，可一次或分多次将罐内液化石油气倒入空置的槽罐内，减少事故罐车危险介质的存量，以降低风险。

（5）堵漏成功后，将罐车拖到附近的气站，卸掉罐内液化石油气，再进行事故处理和车辆维修。

7.2.10 液化石油气库站内钢瓶泄漏应急处理措施

1. 液化石油气钢瓶角阀破裂处理方法：

（1）停止一切操作，禁止机动车辆启动，防止火花、静电。

（2）把角阀破裂的气瓶，拎到空旷无人的安全处。

（3）准备灭火器材，设置外围警戒，周围禁止一切明火。

（4）等到浓度降至爆炸下限安全范围后，将钢瓶送检。

2. 液化石油气钢瓶起火处理方法：

因角阀漏气起火时，用湿布包住手去关闭角阀即可，如瓶体漏气起火，立即用灭火器扑救，并开启消防水对钢瓶进行降温，并视火情，对周围建筑、设备等进行喷水保护，周围设置警戒线，熄灭附近一切火种，及时向消防部门和公司领导求援。

7.2.11 安全防护

（1）个体保护

佩戴正压自给式呼吸器，穿防静电隔热服，在处理液态液化石油气泄漏时佩戴防冻伤防护用品，禁止使用非防爆型电气和工具。

（2）伤员处置

皮肤接触：若有冻伤，就医治疗。

吸入中毒：迅速脱离现场至空气新鲜处，保持呼吸道通畅。如呼吸困难，进行输氧；如呼吸停止，立即进行人工呼吸，并及时就医。

（3）现场监测

用可燃气体检测仪随时监视检测危险区域、缓冲区域、疏散区域内的气体浓度，人员随时做好撤离准备。

7.2.12 当出现下列情况之一时，应迅速果断地撤出现场所有人员至安全地带，并重新评估，确定危险区域、缓冲区域、疏散区域。

（1）当可燃气体检测仪检测液化石油气浓度报警时。

（2）在火焰体积因气体的扩大而加速增大，火势（尤其是燃烧的储罐或设施）的噪声不断增大，燃烧火焰由红到白，光芒耀眼，从燃烧处发出刺耳的哨声，罐体抖动，储罐变色，安全阀发出声响时，即为蒸汽爆炸的预兆。这时，扑救人员应立即撤离到安全地带。

当事态发展无法控制或控制不利时，应及时向有关上级部门汇报，请求增援或启动上级应急预案。

## 7.3 注意事项

（1）佩戴个人防护器具方面的注意事项。

（2）使用抢险救援器材方面的注意事项。

（3）采取救援对策或措施方面的注意事项。

（4）现场自救和互救注意事项。

（5）现场应急处置能力确认和人员安全防护等事项。

（6）应急救援结束后的注意事项。

（7）其他需要特别警示的事项。

# 8 现场恢复

## 8.1 撤离救援程序

一般在泄漏已经止漏，残余火星已经熄灭，受伤人员及中毒人员已经抢救完毕，空气中液化石油气含量已经正常时，由现场总指挥在听取交通部门、消防部门、环保部门、特种设备管理部门、检验机构等部门及上级部门意见后宣布救援应急处理结束。

## 8.2 重新进入和人群返回程序

一般在现场勘测和清理完毕，并宣布应急救援行动结束后，方可允许人群陆续返回。

## 8.3 对受影响区域的连续检测要求

一般应在事故处理现场，在一定的时间内（24h）留 1～2 人监督现场是否有异常情况，并继续测定空气中液化石油气含量情况。

## 8.4 后期处置

主要包括污染物处理、事故后果影响消除、生产秩序恢复、善后赔偿、抢险过程和应急救援能力评估及应急预案的修订等内容。如：

（1）采取适当方法清除事故应急救援行动中造成的污水、固体废弃物及废气，使环境得到恢复。

（2）及时清理现场，迅速抢修受损设施、设备，尽快恢复经营。

（3）如发生伤亡，应立即做好受伤人员的救治、慰问和善后处理工作，按国家有关规定妥善安置人员的家属，做好理赔工作。

（4）对事故救援过程进行评估和总结，指出应急过程中存在的不足，提出下一步应急预案应完善的对策措施。

# 9　保障措施

## 9.1　通信与信息保障

9.1.1　应急工作相关联的单位或人员通信电话（附件1：24h 外部应急通信电话）。

9.1.2　应保障报警及通信用器材完好，保证报警和通信信息渠道 24h 畅通，××××燃气公司应急救援办公室 24 小时值班电话为××××××（附件2：××××燃气公司各级应急指挥人员及通信联络电话）。

## 9.2　应急队伍保障

××××燃气公司专业应急救援队伍名单（见附件3）

## 9.3　应急物资装备保障

××××燃气公司应急救援物资和装备（见附件4）

## 9.4　经费保障

设立应急救援专项经费，保障应急状态时应急经费的及时到位。

## 9.5　培训与演练

### 9.5.1　应急救援培训

（1）应急救援人员每月接受救援程序、救援方案、救援工具使用、紧急救护等方面的知识培训。

（2）公司年度全员安全培训计划应包含事故应急救援预案的内容培训，提高全员应急意识、自我保护和参与救援的措施。

### 9.5.2　演习（演练）

（1）公司安委会负责应急预案的培训和教育工作，每年组织公司应急预案各抢险小组及其在编人员与辖区应急指挥中心进行至少 1 次综合性的燃气事故，另外分别组织公司所属各气瓶充装站进行不少于 2 次的燃气事故专项应急预案演练和现场处置方案的演练。在演练前，应制定好演练的方案。演练后应有评价、总结，参与演练人员要履行签字手续，培训、演练记录要齐全。

（2）通过演练检验应急行动与预案的符合性，对应急预案的有效性和缺陷进行评估。

（3）每年根据上级主管部门和当地人民政府对此项工作新的要求和应急预案的演练实践对《预案》进行改进和完善。

## 9.6　其他保障

9.6.1　建立应急抢险专家库，包括危化品、化工设备专家和当地地质、气象、水文环境监测等相关部门的专家信息。

9.6.2　需要请求援助的外部机构和组织的名单和联络方式。

9.6.3　根据本单位应急工作需求而确定的其他相关保障措施（如：交通运输保障、治安保障、技术保障、医疗保障、后勤保障等）。

## 10　预案编制、管理和更新

### 10.1　预案编制一般步骤

#### 10.1.1　编制准备

（1）成立编制小组，其组长由我司主要负责人×××担任。

（2）制定编制计划。

（3）收集资料，主要是我司基本情况和液化石油气储罐及充装设施基本状况。

（4）安全状况分析和重大危险源分析。

（5）资源和自身救援能力分析。

#### 10.1.2　编制预案

#### 10.1.3　审定和演练

#### 10.1.4　改进措施

### 10.2　预案编制的格式要求

#### 10.2.1　格式

（1）封面。包括标题、单位名称、预案编号、实施日期、编制人、审核人、签发人（签字）、公章。

（2）目录。

（3）总则（引言、概况、目的、原则、依据）。

（4）预案内容。

（5）附件。

（6）附加说明。

#### 10.2.2　基本要求

（1）使用 A4 纸打印文本。

（2）正文采用仿宋四号字，标题采用宋体三号字。

### 10.3　应急预案的制定与发布

应急救援指挥部组织应急预案编写、修改、验证。预案编制后组织或邀请专家进行审定，并由单位主要负责人批准后发布、实施。

### 10.4　预案的演练和更新

10.4.1　预案在发布后应组织预案所涉及人员学习贯彻、演习演练。

10.4.2　演习演练至少一年一次，根据演练的情况，对预案进行更新。

10.4.3　根据人员变动、设备参数改变、演习演练验证结果、新经验新教训，以及法律法规、主管部门和地方政府要求的改变等实际情况，对预案进行更新和修订。

### 10.5　预案上报

预案发布或更新后报送特种设备安全监察部门和当地人民政府及有关部门备案。

## 10.6　监督检查

依据《安全生产法》《特种设备安全法》《特种设备安全监察条例》和其他法律、法规的规定，接受上级主管部门对本预案的制定、完善、演练进行监督检查。

# 11　事故调查

## 11.1　事故现场的保护

（1）事故现场的保护措施。强调除因抢救伤员和控制事态发展外，在事故调查尚未进行之前，任何人不得破坏和改变现场。特种设备事故发生后，事故发生单位及相关单位和人员应当保护好事故现场。确因抢救人员、防止事故扩大以及疏通交通等原因，需要移动现场物件的，应当做出标记、绘制形态图并写出书面记录，妥善保存现场重要痕迹、物证。

（2）事故相关证据收集与保全。

## 11.2　事故调查的一般工作程序

（1）成立事故调查组，确定调查组成员组成。

（2）了解事故概况。听取事故情况介绍，初步勘察事故现场，查阅并封存有关档案资料。

（3）确定事故调查内容。

（4）组织实施技术调查。必要时进行检验、试验或者鉴定，注明检验、试验、鉴定的机构。

（5）确定事故发生原因及责任。

（6）对责任者提出处理建议。

（7）提出预防类似事故的措施建议。

（8）写出事故调查报告并归档。

## 11.3　情况调查

（1）通过对事故发生单位主要负责人及其相关人员询问，了解事故发生前后及事故的情况。

（2）调查作业人员、调度人员等有关人员基本情况。

（3）设备运行是否正常，是否有超过设计温度、设计压力、过量充装、储罐、管件、附件变形、泄（渗）漏、异常响声、安全附件及保护装置失效等异常情况。

（4）运行管理及作业人员的操作情况。有无违章操作，以及有关人员是否持证上岗等情况。

（5）现场应急措施及应急救援情况。

（6）其他情况。

## 11.4　资料调查

事故发生单位主要负责人及相关人员，应主动向事故调查组提供事故发生前后设备生产（含设计、制造、改造、维修）、检验、使用等档案资料、运行记录和相关会议记录等资料。

（1）设备设计、制造、改造、维修、检验、登记使用档案资料。液化石油气设备、管件、附件的结构、强度、材料的选用情况；液化石油气设备、管件、附件及其安全附件、安全保护装置的制造质量情况；液化石油气设备、管件、附件型式试验、改造、维修质量情况，并对损坏影响进行分析。

（2）设备、管件及其安全附件、定期检验情况及存在问题整改情况。

（3）企业安全责任制、相关管理制度、应急措施与救援预案的制定和执行情况；设备及使用登记、特种设备作业人员持证情况；运行中违章作业违章指挥或误操作情况，运行相关记录情况，运行参数波动等异常情况。

（4）使用单位对存在事故隐患的整改情况。

## 11.5 现场调查

11.5.1 事故调查组对事故现场的调查，应当收集和比较原始证据，数据要准确，资料要真实。

11.5.2 事故现场检查的一般要求。仔细勘察记录各种现象，并进行必要的技术测量。记录主要受压元件、事故发生部位及周围设施损坏情况，要注意检查安全附件、安全保护装置等情况。

11.5.3 人员伤亡情况的调查。事故造成的死亡、受伤（重伤、轻伤界定按《企业职工伤亡事故分类》GB 6441 的规定）人数及所就职职位、死亡人员性别、年龄、职务、从事本职工作的年限，持证情况。其他人员死亡包括居民、过路人、外单位救援人员等。

11.5.4 事故现场破坏情况的调查。主要包括设备、管件、附件损坏的状况，损坏导致的现场破坏情况与波及范围、拍摄现场照片，绘制现场简图，记录环境状态，如属于泄漏事故应当寻找泄漏源；如属于爆炸事故，应当寻找泄漏源和爆炸源，收集罐体或其他爆炸物碎片及残余介质。

11.5.5 罐体及部件损坏情况的检查，包括部位、形状、尺寸等。

（1）注意保护好严重损坏部位（特别注意保护断口、爆炸口），仔细检查断裂或失效部位内外表面情况，检查有无腐蚀减薄，材料原始缺陷等。

（2）应当测量断裂或失效部位的位置、方向、尺寸，绘制设备损坏位置简图。

（3）收集损坏碎片，测量碎片飞出的距离，称量飞出碎片的重量，绘制碎片形状图。

（4）对无碎片的设备，应当测量开裂位置、方向、尺寸。

11.5.6 安全附件、安全保护装置、附属设备（设施）损坏情况的调查。

（1）安全附件主要包括安全阀、爆破片、安全阀与爆破片串联组合装置、压力表、液位计、测温仪表、紧急切断装置、导静电装置、液位报警装置等。

（2）事故发生过程中应当采取紧急措施与应急救援措施。

（3）需要调查的其他情况。

## 12 附 则

### 12.1 名词术语

编制应急预案时，涉及专用或专有名词术语应当进行定义。

### 12.2 预案的实施和生效时间

本预案经××××燃气公司总经理批准后实施。

### 12.3 制定与解释

本应急预案应急救援指挥部负责制定与解释。

## 13 附 件

### 13.1 有关应急部门、机构或人员的联系方式

### 13.2 重要物资装备的名录或清单

### 13.3 关键的路线、标识和图纸

主要包括：

液化石油气库站地理位置图；液化石油气库站消防及应急设施布置图；液化石油气库站平面布置图。

### 13.4 相关应急预案名录

直接与本应急预案相关的或相衔接的应急预案：储罐泄漏处置专项应急预案；液化石油气充装站火灾专项应急预案；液化石油气充装站槽车装卸应急预案；液化石油气充装站充装间应急处置预案；钢瓶运输车辆应急处置预案；压力管道应急处置预案等。

### 13.5 有关协议或备忘录

与相关应急救援部门签订的应急支援协议或备忘录（略）。

**附件 1：外部应急联络电话表**

外部应急联络电话表（样表）

附表 1

| 序 号 | 相关单位及人员 | 联系电话 | 备 注 |
|---|---|---|---|
| | 市质量技术监督局 | | 特设处/科 |
| | 市安全生产监督管理局 | | |
| | 市应急救援中心 | | |
| | 市消防支队 | | |
| | 市 110 | | |
| | 市公安局 | | |
| | 急救中心 120 | | |
| | 附近医院 | | |
| | 协作救援单位 | | |
| | … | | |

**附件 2：内部应急联络电话表**

××××燃气公司各级应急指挥人员及通信联络电话（样表）

附表 2

| 序 号 | 相关单位及人员 | 联系电话 | 备 注 |
|---|---|---|---|
| | 救援总指挥 | | |
| | 救援副总指挥 | | |
| | 救援现场指挥 | | |
| | 设备安全管理人员 | | |
| | 警戒保卫组 | | |
| | 抢险救灾组 | | |
| | 通信联络组 | | |
| | 医疗救护组 | | |
| | 后勤保障组 | | |
| | 善后工作组 | | |
| | … | | |

**附件 3：应急救援人员名单**

　　××××燃气公司专业应急救援队伍名单（略）

附件4：应急救援设备清单

**××××燃气公司应急救援物资和装备（样表）**　　　　附表3

| 序　号 | 救援设备或工具 | 数　量 | 完好状态 | 存放地点 | 备　注 |
|---|---|---|---|---|---|
| | | | | | |
| | | | | | |
| | | | | | |
| | | | | | |
| | | | | | |
| | | | | | |
| | | | | | |
| | | | | | |
| | | | | | |
| | | | | | |
| | | | | | |

附件5：液化石油气库站地理位置图（略）

附件6：液化石油气库站消防及应急设施布置图（略）

附件7：液化石油气库站平面布置图（略）

# 参考文献

［1］晋传银. 燃气燃烧器具安装维修使用手册［M］. 安徽：安徽人民出版社，2016.

［2］戴路. 燃气供应与安全管理［M］. 北京：中国建筑工业出版社，2008.